スマートWebデザイン

浅野 桜、北村 崇 共著

脱・自己流のデザイン&データ作成術

エムディエヌコーポレーション

はじめに

　前書『Webデザイン必携。　プロにまなぶ現場の制作ルール84』が刊行された7年前の当時は、PhotoshopやIllustratorでWebデザインをする方の割合が現在よりもかなり高く、グラフィックデザイナーからWebデザイナーへ転身する方も多くいました。執筆のきっかけは、Webデザインへの理解が浅いままに作られたデザインカンプのコーディングに尽力する現場からの「Webデザインデータあるある」な苦労話です。そこで、Webデザインに関する知見のある方が会社やチームにいないことを想定し、Webデザインをはじめるにあたって最低限必要な知識・技術・ルールを先輩デザイナーに代わり解説する、そんな「グラフィックデザイナーのためのWebデザイン」を裏テーマに執筆されました。

　当時はAdobe XDやFigmaもまだ出たばかりで、とてもWebデザインツールの主流として存在できるレベルではなく、代わりにSketchがUIデザインツールとして人気だったことを覚えています。現在はAdobeによるFigma買収の発表を受け、ここ数年でユーザーを増やしていたAdobe XDも開発を中止してしまいました。ですが、2023年12月の発表で両者は買収を断念しており、デザイナーたちは今後のWebデザインツールの未来を左右するその動向を注視しつつ、各々が得意なアプリケーションや用途によりデザインツールを使い分けている状況です。

見ようによっては、Adobe XDとFigmaが人気を二分していた一時期に比べると、ツールのシェアはとても不安定な状態とも言えます。

　そんな中にあっても、Webデザイナーを目指す方は増えており、その数に比例して実績不明なオンラインサロンや、時代にそぐわない技術で解説を続けるオンラインスクールがSNS上では多く見受けられ、初学者にとって本当に必要な知識や技術は何なのかを考えさせられることが増えていました。

　そんな折に話をいただいたこの「Webデザイン必携。改訂版」は、Webデザインを取り巻く現状を踏まえ、改めて「目先の技術以外のWebデザインに必要な知識」を考え直し、まとめたものになっています。

　本書を通じて、Webデザイナーを目指すみなさんに「知りたかったことがわかった」と思ってもらえる知識をひとつでも多く見つけてもらえたら幸いです。

　最後に、本書の執筆にご協力いただきました村上良日さん、編集に尽力していただいた小関 匡さん、そして本書を手に取っていただきましたみなさんに、心より感謝を申し上げます。

2023年12月　北村 崇、浅野 桜

Contents

CHAPTER 3
Webデザインの基本的なルール

CHAPTER 4
LP・バナー・パーツのデザイン

CHAPTER 5
Figmaを使ったデザイン

CHAPTER 6
コーディングに困るデザインデータ

CHAPTER 7
わかりやすい納品データの作り方

本書の使い方

本書はデザイナーとしてWebサイトやWebアプリのデザインに携わるうえでの必須知識を、基本的な考え方や正しいデータの作り方、コーディング担当者に納品する際の注意点、アプリケーションの操作方法といった様々な側面から解説しています。

［本書の紙面構成］

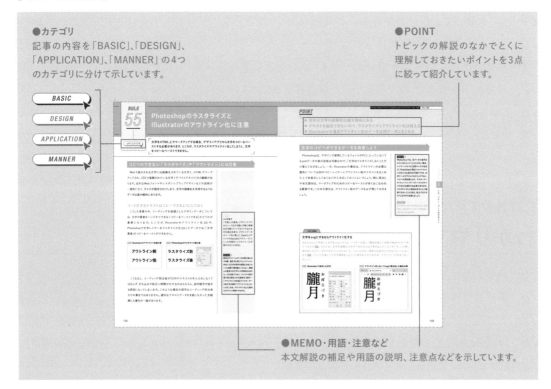

●カテゴリ
記事の内容を「BASIC」、「DESIGN」、「APPLICATION」、「MANNER」の4つのカテゴリに分けて示しています。

●POINT
トピックの解説のなかでとくに理解しておきたいポイントを3点に絞って紹介しています。

●MEMO・用語・注意など
本文解説の補足や用語の説明、注意点などを示しています。

［アプリケーションの操作解説について］
○ 本書に掲載されている情報はPhotoshop 25、Illustrator 28、Figma 116のバージョンに基づいています。
○ MacとWindowsでメニュー名やキー操作が異なる場合は、Windows版に対応した記述を〔 〕内に表記しています。

［ダウンロードデータについて］
本書の解説内容に基づいたチェックシートをダウンロードできます。
下記のURLよりご利用ください。

https://books.mdn.co.jp/down/3222303060/

※「1」(数字のイチ)の打ち間違いにご注意ください。
※ ダウンロードデータのファイルを実行した結果については、著者、株式会社エムディエヌコーポレーションは、一切の責任を負いかねます。お客様の責任においてご利用ください。

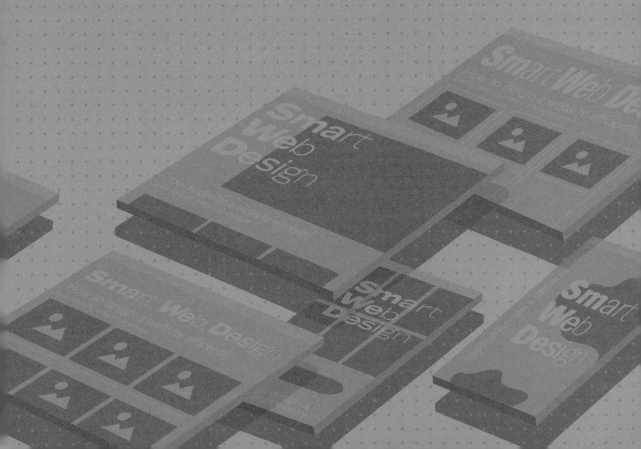

CHAPTER 1

Web制作のトレンド

Webデザインをはじめる前に、まずは今のWeb制作を取り巻く
技術や環境について少し触れてみましょう。デザインのツール
は何を使って作るのか？ Webサイトをどんな目的で作るのか？
日々変化する情報を集めることも、Webデザインにおいては重要
です。

RULE 01

BASIC

Web制作におけるトレンドをおさえる

技術や環境、トレンドなど、変化の移り変わりが激しいWebデザイン。現在の傾向とその理由を理解することもWebデザイナーには求められます。新しい情報を知るための嗅覚を養いましょう。

Webサイトのアプリ化とコンテンツのパーソナライズ

スマホの普及により、昨今のWebサイトはアプリ化に向かっているといえます。これまでの Webサイトは、サービス案内や発信される情報を「サイトを開いて自ら見に行く」、「自分の欲しい情報を探す」、つまりユーザからのアクションを中心とした一方通行の情報掲載でした。しかし、スマホが普及した現在では、ユーザは運営からの通知や位置情報など、環境に応じた情報の提供を求めるようになりつつあります。また運営側も、閲覧するユーザの興味や関心がある情報を優先的に表示して、「欲しい人に欲しい情報を与える」ようになっています。今後、この傾向はさらに強まり、Webサイトはより本格的なネイティブアプリのような機能が求められるようになるでしょう 01 。

デザイナーには、変化のない静的サイトではなく、アクセスするたびに情報が変化する動的サイトでもデザイン性が保たれるような、汎用性の高いデザインを求められるようになります。

わかりやすい例がYouTubeです。YouTubeはWebサイトでも、ほぼネイティブアプリと同等の機能を持ち、ユーザが登録した「お気に入り」や「閲覧履歴」などから、そのユーザにパーソナライズ（最適化）された情報を表示します。

またサービスによっては、ダークモードと呼ばれる画面の発光量を抑えたデザインに切り替える機能が搭載されています。ダークモードは時間によって自動的に変化するものやユーザがカスタマイズして切り替わるもの

> **用語**
> **アプリ化**
> ブラウザ経由ではなく、アプリ経由でWebサイトを表示させること。アプリ化によってプッシュ通信やお知らせの配信など、ブラウザ経由ではできなかった能動的なコミュニケーションが可能となる。

01 Webサイトのアプリ化

> **MEMO**
> 動的サイトとは、CMSなどでは「ユーザからのリクエストに対して、データを作って表示するサイト」のことを指しますが、本書では「内容やデザインが変化するサイト」を総じて動的サイトとして記載するようにしています。

POINT

- ● ユーザにあわせたコンテンツとデザインの提供が必要
- ● デザインツールや制作環境の変化にも注視しよう
- ● カンファレンスやSNS等で最新情報を収集する

があります。そして、どちらの状況でも同じ体験を提供できる、汎用的なデザインが求められることになります。

従来のWebサイトやアプリは、ユーザ自らがそのサービスを使いやすいように設定をする「カスタマイズ」が中心でした。現在ではユーザの行動や興味関心に基づき、サービス側がそれに応じた情報を提供する「パーソナライズ」と「カスタマイズ」を融合した形へとシフトしてきています。

デザイナーは閲覧環境や制作環境の変化に敏感に

制作環境の変化が目まぐるしく変化するWeb業界。そのような変化にも楽しんで対応できることが、デザイナーにとっての成長の鍵となるでしょう。特に現在ではデザインツールの選択肢が増えています。制作するWebサイトの目的や機能（仕様）に応じて、デザイナーがアプリケーションを使い分ける場面も出てくるので、アプリケーションの便利な最新機能や、デザインやマークアップに関するトレンド、プロジェクト管理、デバイスのシェアなど、日頃から動向を注視しておくようにしましょう。

Web界隈の情報収集方法

Web業界では、最新技術やデザインに関する情報を、いかに効果的に収集するかがとても大切です。本書のような書籍を読んで学ぶのも方法のひとつですが、日常的にInstagramやX（旧Twitter）、PinterestなどのSNSやニュースサイトをチェックしたり、セミナーイベントに参加するのもよいでしょう。近年ではオンラインセミナーやオンラインカンファレンスといった、家に居ながらでも参加できるデザイナー視点のイベントも多く、気軽に参加することができます。また、日本の情報だけでなく、海外サイトの情報を収集して、今後のトレンドにいち早く対応できる環境を作っておきましょう。

MEMO
Webデザインに役立つWebサイト
コリス
https://coliss.com/

Webクリエイターボックス
https://www.webcreatorbox.com/

awwwards.com
https://www.awwwards.com/

The FWA - Awards
https://thefwa.com/

RULE 02

BASIC

Web制作のワークフローを理解する

近年、多様化が進むWeb制作のワークフロー。より効率よく作業を進めるためには、デザインに重きを置いているデザイナーであっても、マークアップなどコーディングの工程を理解するのが必須条件となりつつあります。

CSSフレームワークやノーコードツール

閲覧環境の多様化にともない、そのワークフローも多様化しています。従来のWeb制作であれば、PC用、スマホ用のように、デバイスごとにデザインカンプを用意して、それにそってマークアップするのが鉄則でした。もちろん、現在でもそのようなフローを採用する場合もあります。

その一方で、デバイスごとにカンプを作成するのではなく、ブラウザの中でマークアップをおこないながらWebサイトを制作していく「インブラウザ・デザイン」を採用するケースもあります。

近年では、CSSフレームワークや、マークアップを含むコーディングやシステム構築の一部もしくは大部分を自動化するノーコード・ローコードなどの登場により、デザインツールやデザインのフローも多様化し、以前のようなデザインカンプありきのワークフローは、絶対ではなくなりました。

CSSフレームワーク

CSSフレームワークはグリッドをはじめとしたレイアウトのためのパーツが最初からclassとして用意されており、これらを利用してレイアウトが可能です。多くはレスポンシブウェブデザインにも対応しているので、フローの簡略化が期待できます。代表的なCSSフレームワークには「Bootstrap」01 があります。

01 Bootstrap

https://getbootstrap.jp/

POINT

- ● ワークフローは技術の変遷に応じて変わっていく
- ● コーディング不要のツールも増えている
- ● コードやプログラムの基礎を理解していればデザインの幅も広がる

ノーコード・ローコード

　ノーコードとはソースコードを記述することなく、WebサイトやWebサービス、アプリを構築、開発できるツールやサービスです。デザインからダイレクトにWebサイトを公開することも可能で、前述したCSSフレームワークよりもさらにワークフローを簡略化できるフレームワークといえます。

　なお、コードの記述やシステム開発工程の一部を自動でおこなうツールやサービスにローコードと呼ばれるものがあります。Webサイトよりもアプリやシステム開発中心のプラットフォームとなるため、デザイン面ではテンプレートなど制限が多く、デザイナーはあまり触れることがないかもしれませんが、ローコードを使用することにより、工数が少なく、自由度の高いシステム開発が可能です。

　代表的なノーコードツールには「STUDIO」や「Webflow」などが、ローコードツールには「kintone」や「WebPerformer」などがあります。

> **MEMO.** ▸
>
> **STUDIO**
> https://studio.design/ja
>
> **Webflow**
> https://webflow.com/
>
> **kintone**
> https://kintone.cybozu.co.jp/
>
> **WebPerformer**
> https://www.canon-its.co.jp/
> products/web_performer/

コーディング工程の重要性

　レイアウトのパーツがある程度準備されている各種フレームワークですが、それを使用する場合でも、どこに何をどう置くか、どういう見せ方をするか、というデザインの肝を決めるのはやはりデザイナーです。そこで特に重要になるのが、デザイナーのコーディングへの理解力です。手を動かしてコーディングをする方はもちろんのこと、普段は直接コーディングをしない方も、仕組みをしっかりと理解していれば、表現や作業工程の改善が期待できます。

　また近年のWebサイトでは、ユーザの行動に対するフィードバックを、アニメーションやステータスの変化で表現する「マイクロインタラクション」が必須となっています。その点においてもマークアップやCSS、JavaScriptなどの基礎知識は大きなメリットとなります。

> 用語
> **デザインカンプ**
> デザインデータとして完成した、コーディング前のデザインのこと。グラフィックデザインにおいてラフの状態をあらわす「(ラフ)カンプ」とは異なる。

> 用語
> **マークアップ**
> 「見出し」や「段落」などデザインに対する意味付けを、コンピュータで読み取れる形で記述することを指す。またコーディングは、マークアップを含めCSSやJavaScriptなどを含めたソースコード全体を記述することを指す。

CHAPTER

1

Web制作のトレンド

RULE 03

BASIC

マークアップとデザインツールを把握する

Webサイトを構築するために必要な文章構造や言語への理解と、Webサイトに適切なデザインツールの選択はデザイナーとして最低限の知識です。

HTML・CSS・JavaScriptの現在地

Webページを表示するために欠かせないものがマークアップに関する技術です。その代表的なものが、「文書構造を示すHTML」、「HTMLをデザイン・装飾するCSS」、そして「Webサイトのダイナミックなアクションを支援するJavaScript」の3つです 01 。

HTMLの現在地

1989年にスイスでHTMLが誕生して以降、この3つの技術は様々な進化を遂げてきました。現在はOSやブラウザの発達にともない、HTMLはユーザエージェントに対してわかりやすくよりシステマティックな文書構造を示すことに徹し、それをCSSやJavaScriptによってリッチなデザインに魅せる、という役割分担がスタンダードになっています。

昔は、HTMLで<img="button.gif" alt="ご注文ボタン">として画像で表現していたボタンなども、HTMLとCSSのみで表現が可能となりました。これによって、これまで画像ファイルのピクセルや解像度に依存していたボタンの表現が、閲覧者それぞれの環境や解像度に適した表現にできるようになりました。

CSS・JavaScriptの現在地

CSSやJavaScriptは描画するコンテンツの装飾だけでなく、アニメーションやレイアウトのコントロールなど、効果的なマイクロインタラクションを実現する重要な役割も担っています。

このような現状を踏まえて、今日のHTMLでの文書構造や、CSSでの表現範囲を意識したWebデザインをおこないましょう。

JavaScriptで表現できる範囲はデザインデータだけでは表現しづらい部分もあります。デザイナー以外がJavaScriptを書くのであれば、後工程での作業を考慮し、具体的な動作イメージと指示が必要になるでしょう。

用語
マイクロインタラクション
ユーザの行動に対して何かしらのアクションやフィードバックを伝えること。hover（ホバー）やタップなどの際のアニメーションもその一つ。

POINT

- ● Webサイトは複数の言語の組み合わせで構築されている
- ● HTML・CSS・JavaScriptそれぞれの特徴を理解する
- ● デザインツール（アプリケーション）は必要に応じて使い分ける

01 HTML・CSS・JavaScriptでWebサイトを表示

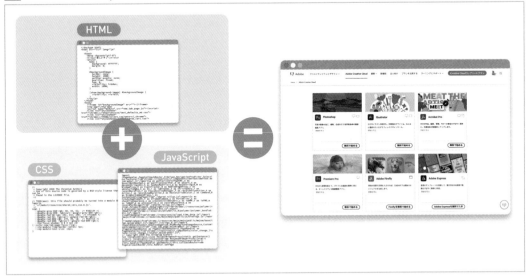

HTML・CSS・JavaScriptでできること

HTML、CSS、JavaScriptはそれぞれ役割がありますが、具体的にはどのようなことができるかを見ていきましょう。

HTML

HTMLは、Hyper Text Markup Language（ハイパー・テキスト・マークアップ・ランゲージ）の略で、Webサイトの基本的構造を記述するものです。どの部分がタイトルか、本文か、写真の説明か、ボタンかなどの様々な構造情報をコンピュータに伝えるために、HTMLを用いて各要素の役割や意味を記述していきます。コンピュータに構造情報を伝えるために、HTMLという言語で翻訳と解説をつけていると考えるとわかりやすいでしょう。

なお、HTMLは一見するとプログラムと捉えられがちですが、実際にはプログラム言語ではなく、文字に「印をつける」という意味でマークアップ言語となります。

CSS

　CSSは、Cascading Style Sheets（カスケーディング・スタイル・シート）の略で、先述したHTMLと組み合わせて要素にレイアウトや装飾などの視覚効果を加えることができます。

　たとえば、タイトルはサイズ32px、色がred、中央揃えなどを指定し、本文は16px、色が黒、左揃えと指定すれば、ブラウザ上で表示された際にその指示を加えたものが出力（表示）されます。

　また、CSSはアニメーションを加えることもできるので、単なる装飾だけでなく視覚効果としての表現に対しても重要な役割を担っています。

JavaScript

　JavaScriptは、JS（ジェイ・エス）と略されることもある、ブラウザ上で動かすことができるプログラム言語です。HTMLでマークアップした要素に対して、JavaScriptが指示を出して、アニメーションや要素の書き換え、動的な出力など様々な動作を実現します。

　動画の再生、ポップアップでのウィンドウ表示、マウスの位置に応じたスクロールや効果の設定、地図の表示とコントロール、検索機能など、JavaScriptによる表現の幅は広く、今やWebサイトにはなくてはならない言語となっています。

　なお、JavaScriptはプログラム言語の中でも簡略化されており、プログラム初心者でも比較的扱いやすいもので、スクリプト言語とも呼ばれます。

デザインツールは何を選ぶ？

　Webデザインを進めるためには必須ともいえるデザインツール。デザイナー御用達のAdobe製品以外にも、昨今は様々な種類のものがリリースされています。これらのツールに絶対的な正解はありません。ただ、素材作りにはPhotoshopとIllustratorを利用するケースが多いため、Webデザインでも両者を使用するユーザが多いようです。

　なお、チームで仕事をする際には、アプリケーションの種類やバージョンをあわせるのが前提になります。また、PhotoshopとIllustratorはWeb専用ではないので、あらかじめWeb用の設定が必要になります。

MEMO

2023年12月、AdobeとFigmaは 合併を断念し再び独立した開発を続けると発表しました。開発を停止していたAdobe XDについては、プロダクトを復活するかどうか現在でも不明のままとなっており、今後の動向が注目されています。

デザインツールの選択肢

　具体的なデザインツールの特徴について、多くのWebデザイナーが利用しているAdobe製品を中心に紹介します。

Adobe Photoshop

　写真などの補正や合成など「ラスターデータ」に強いアプリケーションの代表格です。写真やグラフィックデザインのみならず、イラストレーションや映像や3Dなど、幅広い用途に対応する多くの機能を備える一方で、近年はWebやアプリなどのデジタルデバイス系のデザイン機能に加え、Adobeの生成AI（Adobe Sensei）を活用した画像処理の自動化にも力を入れています 02 。

02 Photoshopの画面

Adobe Illustrator

　ロゴやイラストなど「ベクターデータ」の作成のほか、チラシなどのレイアウトに強く、特にDTPの現場では必須のアプリケーションです。文字周りの機能も充実しており、合成フォントなど、現行のPhotoshopには搭載されていない機能も備えています。近年はWebP書き出しやアセット（要素）ごと、アートボードごとの書き出しなどWebやアプリにも使いやすい機能が増えています 03 。

03 Illustratorの画面

Adobe XDとFigma

　Webサイトやアプリをデザインすることを前提に作られているUI/UXデザインツールです。

　Photoshopのような繊細なグラフィックスや、Illustratorのような複雑なパスを作り込むことはできませんが、アニメーションや動画再生、共通パーツの管理や共有機能、さらにWebページ遷移の表現など、Web独自の挙動を再現できるプロトタイプとしての機能も持ち合わせています。

　Figma 04 は元々ブラウザベースのSaaSとして登場し、オンライン上でのコラボレーションに強いUIデザインツールとして近年世界中で人気が高いです。対してAdobe XD 05 はPhotoshopやIllustratorと同じAdobeが提供するため、他のデザインツールとの連携に強いデスクトップ用のUI/UXアプリケーションとして日本国内で人気でしたが、現在はAdobe社によるFigma買収発表の影響から、その開発が停止しています。

04 Figmaの画面

05 Adobe XDの画面

RULE
04
BASIC

アクセシビリティに配慮する

本来、Webのアクセシビリティは見た目だけではなく、裏側のコードも重要な要素です。まずは見た目や表面で判断できる部分だけでも、可能な限り対応することを考えておきましょう。

誰でも使えるサイトになるように

アクセシビリティとは、その言葉の通り、アクセスのしやすさ、わかりやすさを表しています。IT化が進む近年、健常者だけではなく、誰にでも伝わり、誰でも使えるように考えることが重要となります。

このような、Webアクセシビリティを考えるには、Web Content Accessibility Guidelines（WCAG）というガイドラインを基準にするとよいでしょう。WCAGでは、様々な障害を持つ人に対して、どのように考えていくべきかが記述されており、現在は最新版WCAG 2.2（原文英語）までがリリースされています。2.1の一部までの日本語化したものも情報通信アクセス協議会の「ウェブアクセシビリティ基盤委員会（WAIC）」により公開されています 01 。

MEMO
ウェブアクセシビリティ基盤委員会が公開しているJIS X 8341-3:2016を基準にチェックするのもよいでしょう。
http://waic.jp/docs/jis2010/

01 ウェブアクセシビリティ基盤委員会

https://waic.jp/

どんなところを考えればよい？

アクセシビリティのガイドラインはソースコードに関するものも多いですが、デザイナーとして考えておきたいものも多く存在します。具体的にどのような部分に注意していけばよいか、いくつか例をあげていきましょう。

POINT

- **Webデザインはすべての人に使えるように考える**
- **画像やアニメーションなどに頼った情報伝達は避ける**
- **色などの見た目に対するチェックはすぐにできる**

コントラスト

アクセシビリティのガイドラインではコントラスト比として少なくとも 4.5:1 が求められています。まずは目視ではっきり見えるか確認しましょう `02` 。

`02` コントラストに注意

コントラスト比「4.5 : 1」以上が理想

文字サイズ

文字の最小サイズはブラウザにも依存しますが、どんなに小さくても 10pxまでにしておきましょう `03` 。

`03` 文字サイズは10px以上が基本

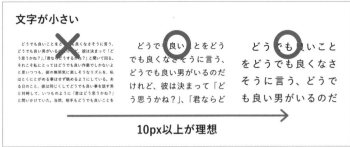

10px以上が理想

MEMO
RULE.34でも紹介しています。

色の名前

すべての人が色を同じように見ているとは限りません。色選択には必ず テキストをつけておきましょう。たとえば、緑色や赤色はD型色覚者から見 ると `04` のように見えています。

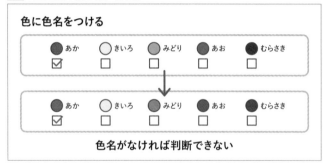

色に色名をつける

拡大縮小・向きの変更

　ランドスケープモードやピンチ操作を制限してしまうと、小さなコンテンツが見にくくなります。拡大や回転をしても崩れないデザインと実装を心がけましょう 05 。

05 拡大や回転を意識したデザインを心がける

拡大縮小・向きの変更ができるように

MEMO ▷
RULE.18でも紹介しています。

動画や写真の説明

　写真は見えない人のために代替テキストやキャプションを入れておきましょう。また動画は聞こえない人のために字幕を用意しましょう 06 。

06 代替テキストやキャプションは大切

動画には字幕、写真にはキャプションを入れる

MEMO ▷
動画の場合は、音を出せなかったり倍速で視聴されることも多く、字幕を入れておくメリットは大きいです。

リンクのテキスト

　リンクは飛んだ先の内容がわかるテキストを入れておきましょう。「こちら」や「もっと見る」など、そのテキストだけで判断できないものは避けましょう **07**。

07 リンク先がわかるテキストに

PhotoshopやIllustratorでの色覚チェック

　色については様々な確認方法があります。PhotoshopやIllustratorの標準機能として色覚チェックの項目が存在します。

　Photoshop、Illustratorともに、[表示]メニュー→[校正設定]で、P型およびD型の表示を擬似表現できます。日本では男性の20人に1人、女性で500人に1人ほどの人が色覚特性が異なるとされていますので、デザインの確認にぜひ使ってみてください **08**。

　またXDやFigmaには色を確認できる機能はありませんが、Figmaなら[Color Blind]、XDであれば「Stark」などプラグインとして色のチェックができるものがあるので活用してみましょう。

08 Photoshop（左）とIllustrator（右）の校正設定

アクセシビリティのガイドラインや達成基準

　組織やサービス全体のアクセシビリティは、全体の意識統一のためのガイドライン策定やルール作成が必要です。その内容については、最新版WCAG 2.2が2023年10月に勧告されたことで、今後は標準対応が求められます。

　WCAG 2.2の適合レベルAAまでを参考資料としてまとめたものをサンプルとして用意したので、チェック項目の参考にしてみてください 09 。

　また詳しい解説については、デジタル庁の「ウェブアクセシビリティ導入ガイドブック」も参考になります。

MEMO ▶
Web Content Accessibility Guidelines (WCAG) 2.2
https://www.w3.org/TR/WCAG22/

09　筆者（北村）作成のガイドラインサンプル

ウェブアクセシビリティガイドライン　参考：JIS X 8341-3:2016 達成基準 早見表（レベルA & AA）、https://accessible-usable.net/about、他

WCAG	原則	ガイドライン	付番	達成基準		概要
2.0	1 知覚可能	1.1 代替テキスト	1.1.1	非テキストコンテンツ	A	利用者に提示されるすべての非テキストコンテンツには、同等の目的を果たすテキストによる代替が提供されている。
2.0		1.2 時間依存メディア	1.2.1	音声のみ及び映像のみ（収録済）	A	収録済の音声しか含まないメディア及び収録済の映像しか含まないメディアは、次の事項を満たしている。・収録済の音声しか含まない場合：時間依存メディアに対する代替コンテンツによって、収録済の音声しか含まないコンテンツと同等の情報を提供している。・収録済の映像しか含まない場合：時間依存メディアに対する代替コンテンツは音声トラック又は、収録済の映像しか含まないコンテンツと同等の情報を提供している。
2.0			1.2.2	キャプション（収録済）	A	同期したメディアに含まれているすべての収録済の音声コンテンツに対して、キャプションが提供されている。
2.0			1.2.3	音声解説、又はメディアに対する代替（収録済）	A	同期したメディアに含まれている収録済の映像コンテンツに対して、時間依存メディアに対する代替コンテンツ又は音声解説が提供されている。
2.0			1.2.4	キャプション（ライブ）	AA	同期したメディアに含まれているすべてのライブの音声コンテンツに対してキャプションが提供されている。
2.0			1.2.5	音声解説（収録済）	AA	同期したメディアに含まれているすべての収録済の映像コンテンツに対して、音声解説が提供されている。
2.0		1.3 適応可能	1.3.1	情報及び関係性	A	何らかの形で提示されている情報、構造、及び関係性は、プログラムによる解釈が可能である、又はテキストで提供されている。
2.0			1.3.2	意味のある順序	A	コンテンツが提示されている順序が意味に影響を及ぼす場合には、正しく読む順序はプログラムによる解釈が可能である。
2.0			1.3.3	感覚的な特徴	A	コンテンツを理解し操作するための説明は、形、大きさ、視覚的な位置、方向、又は音のような構成要素が持つ感覚的な特徴だけに依存していない。
2.1			1.3.4	表示の向き	AA	コンテンツは、その表示及び操作を、縦向き（portrait）又は横向き（landscape）などの単一の向きに制限しない。ただし、その表示の向きが必要不可欠な場合を除く。
2.1			1.3.5	入力目的の特定	AA	利用者の情報を集める入力フィールドのそれぞれの目的は、次の場合にプログラムによる解釈が可能である：・入力フィールドが、ユーザインタフェース コンポーネントの入力目的の節で示される目的を提供している、かつ・フォーム入力データとして想定される意味の特定をサポートする技術を用いて、コンテンツが実装されている。
2.1		1.4 判別可能	1.4.1	色の使用	A	色が、情報を伝える、動作を示す、反応を促す、又は視覚的な要素を判別するための唯一の視覚的手段になっていない。
2.1			1.4.2	音声の制御	A 非干渉	ウェブページ上にある音声が自動的に再生され、その音声が3秒より長く続く場合、その音声を一時停止もしくは停止できるメカニズム、又はシステム全体の音量レベルに影響を与えずに音量レベルを調整できるメカニズムのいずれかを提供する。
2.0			1.4.3	コントラスト（最低限）	AA	テキスト及び文字画像の視覚的提示に、少なくとも4.5:1のコントラスト比がある。
2.0			1.4.4	テキストのサイズ変更	AA	キャプション及び文字画像を除き、テキストは、コンテンツに機能を損なうことなく、支援技術なしで200%までサイズ変更できる。
2.0			1.4.5	文字画像	AA	使用している技術で視覚的提示が可能である場合、文字画像ではなくテキストが情報伝達に用いられている。
2.1			1.4.10	リフロー	AA	コンテンツは、情報又は機能を損なうことなく、かつ、以下において2次元スクロールを必要とせずに提示できる：・320 CSSピクセルに相当する幅の縦スクロールのコンテンツ。・256 CSSピクセルに相当する高さの横スクロールのコンテンツ。・利用や意味の理解に2次元のレイアウトが必要である一部のコンテンツを除く。
2.1			1.4.11	非テキストのコントラスト	AA	以下の視覚的提示は、隣接した色との間で少なくとも3:1のコントラスト比がある。ユーザインタフェース コンポーネント・ユーザインタフェース コンポーネント及び状態（state）を特定するのに必要な視覚的な情報。ただし、アクティブではないユーザインタフェース コンポーネントや、そのコンポーネントの見た目がユーザエージェントによって提示されていてコンテンツ制作者が変更しない場合は除く。グラフィカルオブジェクト・コンテンツを理解するのに必要なグラフィック部分。ただし、そのグラフィック特有の提示が、情報を伝える上で必要不可欠な場合は除く。
2.1			1.4.12	テキストの間隔	AA	以下のテキストスタイルプロパティをサポートするマークアップ言語を用いて実装されているコンテンツにおいては、以下をすべて設定し、かつ他のスタイルプロパティを変更しないことによって、コンテンツ又は機能の損失が生じない：・行の間隔（行送り）をフォントサイズの少なくとも1.5倍に設定する・段落に続く間隔をフォントサイズの少なくとも2倍に設定する・文字の間隔（字送り）をフォントサイズの少なくとも0.12倍に設定する・単語の間隔をフォントサイズの少なくとも0.16倍に設定する
2.1			1.4.13	ホバー又はフォーカスで表示されるコンテンツ	AA	ポインタホバー又はキーボードフォーカスを受け取ってから外すことで、追加コンテンツを表示させてから非表示にさせる場合は、以下の要件を全て満たす：非表示にすることができる・ポインタホバー又はキーボードフォーカスを動かさずに追加コンテンツを非表示にするメカニズムが存在する。ただし、追加コンテンツが入力エラーを伝える、他のコンテンツを不明瞭にしたり置き換えたりしない場合は除く。ホバーすることができる・ポインタホバーによって追加コンテンツを表示することができる場合、その追加コンテンツを消すことなく、ポインタを追加コンテンツ上で動かすことができる。表示が維持される・ホバーやフォーカスが解除される、利用者が非表示にする、又はその情報が有効でなくなるまでは、追加コンテンツが表示され続ける。
2.0	2 操作可能	2.1 キーボード操作可能	2.1.1	キーボード	A	コンテンツのすべての機能は、個々のキーストロークに特定のタイミングを要することなく、キーボードインタフェースで操作可能である。
2.0			2.1.2	キーボードトラップなし	A 非干渉	キーボードインタフェースを用いてキーボードフォーカスをそのウェブページのあるコンポーネントに移動できる場合、キーボードインタフェースだけを用いてそのコンポーネントからフォーカスを外すことが可能である。さらに、修飾キーを伴わない矢印キー、Tab キー、又はフォーカスを外すその他の標準的な方法でフォーカスを外せない場合は、フォーカスを外す方法が利用者に通知される。
2.1			2.1.4	文字キーのショートカット	A	文字（大文字と小文字を含む）、句読点、数字、又は記号のみを使用したキーボードショートカットがコンテンツに実装されている場合、少なくとも次のいずれかを満たしている：解除・ショートカットを解除するメカニズムが利用できる再割り当て・一つ以上の非印字文字（例えば Ctrl や Alt など）を使用するようにショートカットを再割り当てするメカニズムが利用できるフォーカス中にのみ有効化・ユーザインタフェース コンポーネントのキーボードショートカットは、そのコンポーネントがフォーカスをもっているときのみ有効になる。
2.0		2.2 十分な時間	2.2.1	タイミング調整可能	A	コンテンツに制限時間を設定する場合は、次に挙げる事項のうち、少なくとも一つを満たしている：・解除：制限時間があるコンテンツを利用する前に、利用者がその制限時間を解除することができる。又は、・調整：制限時間があるコンテンツを利用する前に、利用者が少なくともデフォルト設定の10倍を越える、大幅な制限時間の調整をすることができる。又は、・延長：時間切れになる前に利用者に警告し、かつ少なくとも20秒間の猶予をもって、例えば「スペースキーを押す」などの簡単な操作により、利用者が制限時間を少なくとも10倍に延長することができる。又は、・リアルタイムの例外：リアルタイムのイベント（例えば、オークション）において制限時間が必須の要素で、その制限時間に代わる手段が存在しない。又は、・必要不可欠な例外：制限時間が必要不可欠なもので、制限時間を延長することがコンテンツの動作を外すことになる。又は、・20時間の例外：制限時間が20時間よりも長い。

CHAPTER 2

Webデザインの
トレンドと基礎知識

様々な場所やデバイスで閲覧されるWebサイトは、たとえば印刷
物のデザインとは違ったスキルや知識が必要です。成果の出る
サイトやトレンドを捉えたデザインを作るためにも、Webサイトと
いう媒体の性質や特徴、制作上の制約や基本的なルールをおさ
えておきましょう。

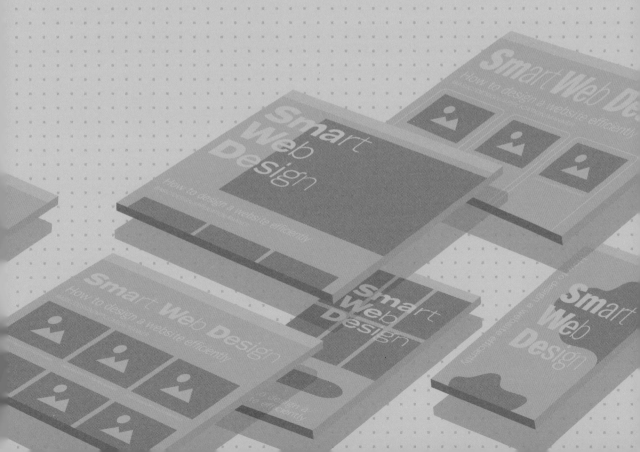

RULE

05

BASIC

Webサイトとアプリの違いを知る

現在、私たちはインターネットを介して、様々なアプリやWebサービス、そしてWebサイトから情報を取得して生活しています。これら情報の見た目をデザインするのがWebデザイナーの役割です。

使う「アプリ」と、見る「サイト」

Webデザイナーの職種は多岐にわたります。アプリのデザインに特化したUIデザイナーと呼ばれる職種も知名度を増し、より専門性の高い人材も増えてきています。そこでまず、WebデザイナーやUIデザイナーが手がけるメディアにはどのような種類と違いがあるかを考えてみましょう。

ネイティブアプリとWebアプリ

インターネットに接続して利用するアプリには、大きく分類してネイティブアプリとWebアプリの2種類があります。

ネイティブアプリ

私たちが日頃スマホでダウンロードして利用するアプリは、ネイティブアプリと呼ばれます。ネイティブアプリには次のものが含まれます。

- デスクトップユーザ向けのWindowsおよびmacOSアプリ
- Androidモバイルデバイスタイプ用のAndroidアプリ
- iOSデバイス用のiOSアプリ

こうした各OSやモバイルデバイスに対応して開発されたアプリの見た目を検討するのが、主にUIデザイナーと呼ばれる職種のスタッフです。

Webアプリ

SNSやECサイト、ネットバンキング、旅館の予約サイトなどといった高度な機能を持ったWebサイトのことを「Webアプリ」、もしくはSaaSなどと呼びます。

これらのサイトは最終的な出力形式こそHTMLではあるものの、プログラミング言語で開発され、サーバやデータベースと連携しています。また、

用語
UI：User Interface（ユーザ・インターフェース）
ユーザとコンピュータとの間で情報をやり取りする際の画面とそれらを構成する要素。

用語
SaaS：Software as a Service（サーズ、サース）
インターネットなどのネットワークを経由して、アプリケーションを利用できるサービス形態。

POINT

- 現在のWeb制作は従来の工程から変わりつつある
- パーツをどこに置き、どう見せるかはデザイナーの仕事
- コーディング工程を理解することで表現や工程を改善できる

ネットバンキングの預金残高や地図情報など、ユーザによって表示される内容に違いがあるのも特徴的です。

　Webアプリはネイティブアプリと同様に、UIデザイナーの活躍が欠かせません。

　UIデザイナーは、ネイティブアプリやWebアプリの操作性などを考慮して、ユーザにとってより使いやすいデザインを検討するのが仕事です。

Webサイトとアプリの関係はシームレス

　本書で主に想定しているのはRULE.03 で紹介している範囲のHTMLやCSS、JavaScriptを中心に構成されたWebサイトです。

　ユーザによって情報が変わることのないWebサイトは、見る・読むことが中心になります。こうしたサイトのことを「静的（ページ）」と呼びます。

　制作者としては、自分のキャリアなどを考える上でも、まずこうした仕組みや役割の違いと区別について認識しておく必要があります。

　その一方でユーザの視点に立つと、WebサイトとWebアプリの関係はシームレスです。たとえば、同じサイトの一部にWebアプリ的な機能がある場合、デザインの要素は共通なことが多いので、見た目上の境界を感じないこともあります 01 。

01 注文が可能なWebアプリ的なページ（左）とそれ以外（中央および右）のコンテンツ

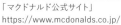

「マクドナルド公式サイト」
https://www.mcdonalds.co.jp/

また、手軽にコンテンツを編集できる各種CMS上でデザインを制作することを考えると、両者の垣根はより一層曖昧に感じられるでしょう。実際一部のCMSはWebアプリに分類されます。CMSで構築されたサイトそのものは動的な性質を持ちますが、CMSを介して出力する情報（HTMLファイルなど）が閲覧するユーザによって変わらない場合は「静的」なページといえます。

用語
CMS（シーエムエス）
Contents Management System
HTMLやCSSを触らなくてもサイトの更新ができるシステムの総称。

Webサイトの分類

見る・読むことが中心になる静的なWebサイトの種類について、「情報提供を主としたサイト」と「広告的なサイト」に分けて紹介します。それぞれ、ページの構成やサイトの目的が異なることを知っておきましょう。

企業のコーポレートサイトやブランドなどのサイト

一般的な団体・企業のサイトや、マーケティングやブランディングを目的とした商品情報を掲載するサイトです。これらのWebサイトは、名刺的な役割として一般的な企業情報を掲載するだけでなく、CMSの導入によりブログなどの機能を備え、オウンドメディアとして機能しているサイトも多いです 02 。鮮度と質の高い情報を幅広く公開することで、検索エンジンからの評価も高くなり、多くのユーザに自社のサービスや商品情報が届くようになります。

また、市区町村などの自治体のWebサイトも同様で、CMSによりたくさんのページを持ち、それ自体が情報のインフラを担っています。

用語
オウンドメディア
企業が自社で保有・発信するメディア。

02 **オウンドメディアの例**

「MdN」
https://www.mdn.co.jp/

キャンペーンサイト・ランディングページなどの
広告的なサイト

　一時的なキャンペーンや広告、求人などを目的としたサイトもあります。先程述べた「商品を掲載するサイト」の中で、たとえばWebやマス広告などと連動した一時的な「スペシャルサイト」はこちらに分類してもよいでしょう。こうしたWebサイトは、更新性やページ数の多さよりも、ビジュアルの見栄えのよさやインパクトなどが重視されます 03 。

　ページ数についても1ページで完結できるように設計されているものが多く、お問い合わせや商品購入など、ユーザにアクションを起こしてもらうことを目的に作られます。こうしたサイトの中で、特にWeb広告の受け皿になるサイトのことをランディングページ（LP）といいます。

MEMO
広告に特化していないものでも、広告から送客される着地点という意味で、サービスを紹介するサイトを総じてLPと呼ぶ場合もあります。

CHAPTER

2

Webデザインのトレンドと基礎知識

03 ランディングページの例

「コンバージョンラボ」
https://conversion-labo.jp/100method/

「VAIO F16」
https://store.vaio.com/shop/pages/
f161g.aspx

RULE 06

BASIC

ニーズと技術で読み解く
トレンド3選をおさえる

役割や技術によって変わるWebデザインのトレンドについて考えてみましょう。見た目の流行ももちろん重要ですが、ここでは技術や社会的な背景により注目されている事柄を中心に3つのキーワードを紹介します。

❶Webアクセシビリティに対する意識

　Webサイトを設計・実装する際の基準のひとつが、RULE.04で紹介しているWebアクセシビリティに対する配慮です。以前より、公的機関やそれに準ずるサイトにはこの基準（JIS X 8341-3）が求められていました。

　Webアクセシビリティに関する意識と機運は、2020年の東京オリンピック、そして2022年にデジタル庁が「ウェブアクセシビリティ導入ガイドブック」を発表したことで、より高まりつつあります。

> **MEMO**
> デジタル庁「ウェブアクセシビリティ導入ガイドブック」
> https://www.digital.go.jp/resources/introduction-to-web-accessibility-guidebook

❷スマホ画面を移植したようなモバイルライクなサイト

　LINE（LINEヤフー社）が定期調査している「インターネットの利用環境定点調査」（2023年発表）によると、2022年下期の時点でネット利用者の97％がスマホユーザとのことです。このような背景から、Webデザインでもスマホを優先したデザインが好ましいとされています。

　スマホを優先すると、PCにおける見た目はコンテンツの幅が広くなるので、それに応じたレイアウトのCSSを書くか、PC向けユーザをほぼ無視して、コンテンツが間延びして見えることを許容するデザインもあります。

　近年では、PCで見た時にスマホサイトをそのまま移植したように見えるタイプのWebサイトが目立ちつつあります 01 。スマホ版の印象をそのままに、両サイドの空きスペースをうまく活かした、エンターテイメント性のあるサイトが多いのが特徴です。

> **MEMO**
> 「インターネットの利用環境 定点調査（2022年下期）」
> https://linecorp.com/ja/pr/news/ja/2023/4492
> スマホ単体・スマホとPCを両方使用するユーザの合計が97%

POINT

- インクルーシブなWebサイト
- スマートフォンを移植したモバイルライクなサイト
- ショート動画やマイクロインタラクション

01 中央にコンテンツを配置しているサイト

「サントリーほろよい」
https://www.suntory.co.jp/rtd/horoyoi/

「BEAMS mini」
https://www.beams.co.jp/special/
beamsmini/kids_7days/

❸短い動きで伝える

　YouTubeやTikTok、Instagramなどのショート動画のように、現在の
SNSユーザは、短い動画で情報を発信しています。Webデザインの中で
も、商品のイメージ画像の一部にショート動画が使われていたり、メインと
なるイメージ画像（ヒーローイメージ）が動画になっていたりと、Webデザ
イナーが動画ファイルを扱う機会は増加傾向にあります 02 。

　撮影が必要な動画のほかにも、SVGやCSS、JavaScriptを使ったアニ
メーションも豊富に使われています。これらの動きの中で、特に操作に関
するものはマイクロインタラクションとも呼ばれます。動きがあることで、UI
がわかりやすくなったり、サイトの雰囲気を演出するのに役立ちます 03 。

02 動画を全面に使用しているサイト

「天ノ寂」
https://amanojyaku.jp/

03 小さな動きを多数使用しているサイト

「フェリシモの基金活動|フェリシモ」
https://www.felissimo.co.jp/gopeace/fundreport/

RULE 07

BASIC

印刷物とWebデザインの違いを理解する

同じ平面デザインでも、紙とWebでは異なる点がいくつかあります。また、媒体が異なることで制作ルールも変わります。まずは「意識」の面から、その違いについて考えてみましょう。

印刷物とは違うWebデザインの難しさや面白さ

Webサイトをデザインする際は、印刷物（紙媒体）とは異なる配慮と柔軟な対応が必要です。そうすることで、印刷物とはまた違ったデザインアプローチが可能になります。

Webサイトのデザインには、独特な「可変的制約」があります。その一方で、グラフィックデザインと同様のグリッドレイアウト（RULE.27）が存在します。Webならではの最新の表現と、平面デザインの基礎であるグリッドデザインとが共生しているのも、Webデザインの奥深さであり、発展性や面白さを感じるポイントといえるでしょう。

可変する横幅と自由な高さ

印刷物とWebでは色々な点が異なります。特徴のひとつは、サイズが可変である、という点です。特に横幅については、デザインに使用しているモニタ以上に大きなモニタや、逆にタブレットやスマホなどの小さな端末で閲覧される可能性を考慮する必要があります 01 。

こうした様々な出力デバイスの横幅に対応するためには、「デザインしている幅よりも広く表示された場合、ナビゲーションやコンテンツはどうなるのか」「何ピクセル以下になったらこう表示する」など、要素の幅が変わることを想定する必要があります。場合によってはピクセルではなく、相対的なパーセンテージで考える場合もあります。

一般的なWebサイトは上から下へスクロールしながら情報を読んでいきます。あらかじめ用紙のサイズが決まっている印刷物のデザインの場合は、情報をその面積内にどうやって収めるかについてしばしば苦心する場合があります。しかし、Webの場合は高さ（縦）に制約はありません。あらかじめ決めておいた余白のルールに基づいて、内容に応じて情報を流し込んでいきます。

POINT

- ● Webデザインと印刷物のデザインはアプローチが異なる
- ● Webデザインは横幅と縦（高さ）、2つの可変を意識する
- ● マークアップ工程においてデータのわかりやすさが重視される

01　デバイスによってコンテンツの幅が変わる

CHAPTER
2
Webデザインのトレンドと基礎知識

「デザインデータのわかりやすさ」が重視される

　印刷物と異なる点としては、マークアップの工程が挙げられます。HTMLやCSSを用いてコードを書いていくマークアップの作業は、デザインアプリで組み上げたデザインをその構造に基づいて再構築していく過程で、たとえばレイヤー構造などのデザインデータのわかりやすさが重要な要素になります。

　無駄な要素を省いて、きちんと数値を整え、レイヤーなどの整理をすることは鉄則です。システマティックなデザインは見た目と同じくらい、その中身もわかりやすい場合が多く、逆に行き当たりばったりなデザインは、中身も煩雑な傾向があります。

　Webデザインはデザインデータ自体も複数人で継続管理することが多いので、誰でもわかる形で情報を整理することが求められます。できるかぎり、わかりやすいデータを意識するようにしましょう。

RULE 08

BASIC

Web制作に必要なツールを準備する

コーディングを含めたWeb制作には「デザインアプリ」と「コードを書くためのエディタ」「ブラウザ」の3つが必要になりますが、ワークフローの中でほかのアプリにふれる機会も多くあります。

情報を設計・作り込むためのアプリ

　Webデザイナーの仕事は、RULE.03でも紹介しているFigmaやPhotoshop、Illustratorなどのアプリを用いてデザインをする作業が多いため、前提としてこれらのアプリの操作についてのスキルが必要です。なお、どのアプリをメインにするかはプロジェクトの内容や立ち位置によって変わります。

指示はExcelやPowerPointで来ることもある

　こうしたデザインアプリでデザインを作成する前段階で、サイトの構造を示すサイトマップ 01 や、ワイヤーフレーム 02 と呼ばれる簡単なレイアウトイメージを示すものを用意することがあります。デザイナーであれば、これらサイトマップやワイヤーフレームはIllustratorやFigmaで作成するケースがほとんどです。しかし、非デザイン職のディレクターやクライアントからはMicrosoft ExcelやMicrosoft PowerPoint、あるいは手書きなどで提示されることもあります。

MEMO

3つのアプリとそれぞれの違いは次の
RULE.09で解説します。

用語
サイトマップ
Webサイトのページに関する情報を伝えるもの。

用語
ワイヤーフレーム
Webページのレイアウトや構造をシンプルに表現した設計図のこと。

01 Excelで描かれたサイトマップ

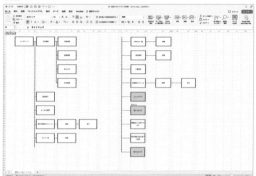

02 ワイヤーフレームの例

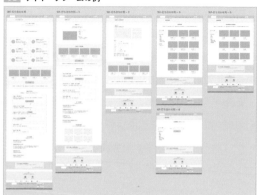

POINT

- 指示を元にデザインアプリでデザインを制作する
- 使いやすいエディタを選ぶ
- 実装したデータを複数のブラウザで検証する

使いやすいコードエディタを選ぶ

　HTMLやCSSなどのコードを書くには、プログラム言語などを開いて編集できるコードエディタと呼ばれるアプリが必要です。無料で使えるMicrosoftのVS Code（Visual Studio Code）など、使いやすいコードエディタを選びましょう。VS Codeの拡張機能を使うと、Figmaのデータを開くことができるので便利です 03 。アプリを自分好みにカスタマイズするのも、スピーディにコードを書く上では欠かせないスキルです。

03 VS CodeのFigma連携拡張機能（オープンベータ版）

ブラウザで検証する

　コードは、SafariやGoogle Chrome、Firefox、Microsoft Edgeなどの各ブラウザで検証します。最新のCSSの一部はブラウザの種類やバージョンによっては対応していないものもあるので、ブラウザによる違いが生じないかについて検証を重ねましょう。また、iOSとAndroidと、それに搭載されている各ブラウザとの間にも表示の違いが出るので、リリース前に確認が必要です。

　こうしたブラウザでの確認は、サーバにアップアップする前のローカルファイルでの確認と、テストサーバへのアップ、本番サーバへのアップなど数段階に分けての確認・検証が望ましいです。したがって、プロジェクトによってはサーバの準備が必要になることもあります。

RULE 09

BASIC

デザインアプリの得意分野と選び方を理解する

Webデザインについて調べると、習得すべきアプリとしていくつかの名前があがります。ここでは、RULE.03で紹介した代表的な3つのアプリについて、その概要や強みなどについて紹介します。

手軽に使えるFigmaで広がる、UIデザインのワークフロー

無料でアカウントを作れるFigmaは、Webブラウザとデスクトップアプリでデザインを作成できるので、デザイナーやコーディング担当者はもちろん、ディレクターやクライアントなど、立場を越えて同じデザインにアクセスできます。

Figmaのアカウント作成から利用まで

はじめにFigmaのサイトにアクセスし、アカウントを作成します。[チームを新規作成]で任意のチーム名を入力して、「スタータープラン」を選択すると、無料で利用が可能です 01 。

プランの選択後に[Figmaでデザイン]→[チームのプロジェクト]で空白のキャンバスの[+]を選択すると、ブラウザ上でFigmaのインターフェースを確認できます 02 。

Figmaはブラウザ版以外にも、Webサイトからダウンロードできるアプリケーション版もあります。また、モバイル向けにもアプリケーションが用意されているので、PCでデザインを作りながら、スマートフォンやタブレットで実際の見た目などを確認できます。

01 FigmaのWebサイト

https://www.figma.com/jp/

02 Figmaのインターフェース（ブラウザ版）

POINT

- レイアウトはFigmaを主力に
- 写真の補正や合成はPhotoshop
- ロゴやイラストづくりはIllustrator

Photoshopは緻密な画像の合成の場で活躍

Photoshopは写真などの補正や合成など、ラスターデータに強いアプリケーションです。写真やグラフィックデザインのみならず、イラストレーションや映像など、幅広い用途に対応する多くのツールを備えています。オールラウンダーなので長くWebデザインのレイアウトに利用されてきました。しかし、Adobe XD、FigmaなどのUIデザインに長けたアプリの台頭もあり、Photoshopはより写真の合成などに特化して利用されるようになってきました。一方で、高度なコーディングをそれほど必要としないランディングページ（LP）制作（RULE.11）やバナー制作では現在も利用されています。

パーツの制作で利用されるIllustrator

Illustratorはロゴやイラストなどベクターデータの作成のほか、チラシなどのレイアウトに強く、特に印刷物の現場では必須のアプリケーションです。Webデザインでは補助的なパーツ制作として用いられる傾向にあります。Webデザイン専用のツールではないため、レイアウトに利用する場合はWeb用の設定やピクセルプレビューなどの設定に気をつける必要があります。

COLUMN

PhotoshopやIllustratorが不得意なこと

コーディングでは、CSSでmarginやpaddingなど、要素同士の余白に関するプロパティを設定する機会が多く、これらの数値をなるべく簡単で正確に取得することが求められます。PhotoshopとIllustratorが持つ共通の弱点に、これら「余白の正確な計測が不得意」という点があります。一方、Figmaは余白がわかりやすく示されます。

RULE 10

BASIC

一般的なWebサイトの特性を知る

RULE.05で示した2種類のサイトのうち、会社のホームページなど「一般的な Webサイト」の特性と、デザインの制作方法の注意するポイントについて考えてみ ましょう。

Webサイトには数種類のひな形が必要になる

たとえば企業のWebサイトを制作する場合、はじめに、情報が集約さ れている「トップページ」が必要になります。加えて下層ページと呼ばれる 各ページが必要になります。こうした複数のページ同士はリンク関係にな り、ユーザはそれぞれを回遊して情報を取得します。そのため、あらかじ めページのリストやサイトマップを制作してリンクの漏れがないようにした り、サイトの階層を決めておく必要があります。こうした構造を元に、ワイ ヤーフレームなどを作成し、デザインを考えていきます。

グローバルナビゲーションとローカルナビゲーション

Webサイトのリンクに欠かせないものは、ページへのリンクの集合体で ある「ナビゲーション」です。ナビゲーションはヘッダーやフッターにあり、 目立つ場所に配置されます。すべてのページの同じ場所に配置されている ナビゲーションをグローバルナビゲーション、特定のカテゴリ内に表示さ れているナビゲーションをローカルナビゲーション（サブナビゲーション） といい、複数のページを持つ一般的なWebサイトには欠かせない要素で す 01 。

用語
回遊
ユーザがリンクをたどることにより 同じサイト内の別のページを閲覧 すること。

MEMO
サイトマップとワイヤーフレームは RULE.08でも紹介しています。

01 グローバルナビゲーションとローカルナビゲーション

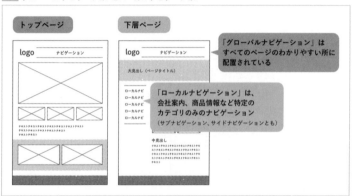

POINT

- トップページ・下層ページ等複数のページの関係を把握する
- ユーザの流入や検索性を考慮した情報設計
- 更新性を考慮する

トップページは「イレギュラー」と考える

　Webサイトをデザインする際、トップページから制作するケースが多いことでしょう。しかし、デザインのパターンで考えるとトップページはイレギュラーで、他のページで使用するパターンの方が圧倒的に多いのが一般的です。トップと下層ページとではナビゲーションの位置が違っていたり、別の情報が必要だったりすることはよくあります。こうした下層ページのデザインが後出しになってしまうと手戻りが多くなってしまうので、トップページと並行して下層ページのひな形やデザインのルールを作成しておきましょう 02 。

02 トップページと下層ページ

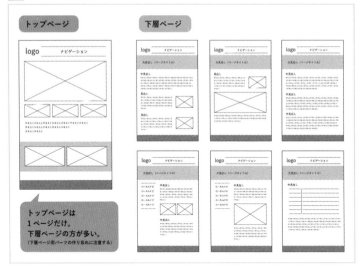

　企業などのWebサイトは定期的な更新が必須となります。奇抜で再現しづらい画像のトリミングや、テキストの増減を考えられていないデザインなどは更新すると崩れてしまい、長期的に見るとサイトの質を落としかねません。更新性が高いと判断される部分に関しては、奇抜なオンリーワンのデザインよりも、情報の増減などのルールが明確でシンプルなデザインのほうがよいでしょう。

ランディングページ（LP）の特性を理解する

広告やメルマガなどからの流入の着地点として作成するランディングページ（LP）は、一般的なWebサイトとは目的が異なるため、デザインの性質も異なる傾向にあります。

LPはデザインのインパクトや印象付けが重視される

LPは、資料請求や問い合わせ、商品の購入、イベントの来場などを最終的なゴールや指標にします。これらLPの訴求は、パッと見て視認してもらう必要があります。通常のプレーンなテキストでは印象付けが弱いと判断されるので、文字や背景などの装飾を工夫したアプローチを取ることもあります 01 。じっくり読むよりもパッと見て判断するような、いわばチラシやポスターなどと近い性質も特徴のひとつといえるでしょう。

メッセージを簡潔に伝えるために、ナビゲーションがない、もしくは最低限のページも多くあります。その代わりに、お申し込みなどのボタンがわかりやすいところに複数箇所配置されているのが特徴です。

01 **ランディングページのイメージ**

POINT

- 第一印象が重要なLPはデザイン重視
- コーディングや更新性は優先順位が低いことも
- 「申し込み」や「購入」を改善するために修正していく

どの程度コーディングするかは案件次第

文字要素を適切にコーディングするとSEOにも効果があります。ただし、SEOは検索エンジンに対する対策（最適化）なので、広告などからの流入を主にしているLPは、SEOやコーディングをそれほど重要視しない側面もあります。

コーディングの難易度が高いタイポグラフィーや装飾性の高いボタンなどに工数をかけるよりも、それらを画像として扱った上でなるべく簡潔なコーディングで素早くLPをリリースし、CTA（申し込みなどのアクション）を見ながら修正していくフローを採用するケースもあります。

適切にコーディングするに越したことはありません。しかし、LPはWebサイトの寿命が短い場合も多く、制作リソースが限られていることも珍しくありません。決められた予算とスケジュールの中でどのような時間配分で作業するのかが問われます。

また、リリース後にページをアップデートする場合も、情報を追加していく「更新」ではなく、よりよくするために内容を差し替える「修正（差し替え）」の作業が多いのも特徴です 02 。

> **用語**
> **CTA**
> Call To Action
> Webサイトの訪問者を具体的な行動に誘導することや、そのための画像やボタン、テキストなどを指す。

02 更新と修正の違いのイメージ

このように、込み入ったコーディングよりも、画像を差し替えるほうが簡単な場合は、そちらが歓迎されるケースもあります。

様々な目的のLPがあるので、すべてがこれらのフローに当てはまるとは限りません。しかし、一般的なWebサイトとは目的や流入経路が異なることから、サイトの内容やデザインの方向性が変わることに着目してデザインを進めていきましょう。

> **MEMO**
> 日本語としての「更新」は古いものを改める、という意味なので、右側の「修正」の例も更新といえます。ここでは現場の慣習的な意味合いでニュアンスの違いを紹介しています。

CHAPTER

2

Webデザインのトレンドと基礎知識

RULE 12

BASIC

現在はマルチデバイス対応が前提

現在のWebデザインにおけるデバイスとは、主にスマホ、PC、タブレットなどを中心としたディスプレイ機器を指します。様々なデバイスで閲覧されることを前提にサイトのデザインを考えていきましょう。

レスポンシブウェブデザインか、アダプティブか

現在、Webサイトは多種多様なデバイスと場所で閲覧されることが当たり前になっています。ただし、それを可能にするためには、技術的な工夫が必要になります。その代表的な技術が「レスポンシブ（ウェブデザイン）」 01 です。

01 レスポンシブ方式

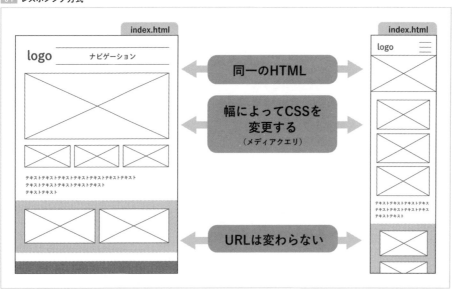

レスポンシブウェブデザインは、ひとつのHTMLに対してデバイスの幅などに応じてCSSを切り替えるものです。これに対して、別々のHTMLを用意し、デバイスの種類を示すユーザエージェントを判定した上でデバイスごとに別のサイトを表示させる「アダプティブ（デザイン）」 02 などと呼ばれる方式もあります。それぞれの特徴は 03 となります。

POINT

- マルチデバイスへの対応方法は主に2通り
- レスポンシブウェブデザインが主流
- デバイスごとに完全にデザインを分けてしまうのも一つの方法

02 アダプティブ方式

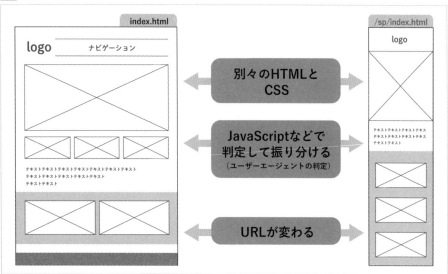

03 レスポンシブとアダプティブの特徴

形式	特徴
レスポンシブ	共通のコードとURL。幅広い端末に有効。メンテナンス性がよい。レイアウトに制約が出るケースがある。
アダプティブ	別々のコードとURL。特定の端末ごとにページを用意するのでメンテナンス性が悪い。別のデバイスを気にせずレイアウトできる。

　傾向としては、レスポンシブウェブデザインが主流です。しかし、既にPC向けにレイアウトが固定されていて新たにレスポンシブ化するのが難しい場合や、広告を目的としたLPなど、アダプティブ形式を検討してもよいケースもあります。

　このほかにも特に規模の大きなサイトの場合は、同一URLでユーザエージェントを判定して異なるレイアウトを表示する、いわばハイブリッド形式のサイトもあります。

MEMO
Meta Quest シリーズなどのVR機器にはブラウザが搭載されているので、VRで一般的なWebサイトを閲覧できます。現在、通常のWeb制作においては、これらデバイスに向けた特別なデザインやコードなどの対応は取れませんが、あらゆるユーザと閲覧環境を考える上では、VR環境からのアクセスも考慮に入れておくとよいでしょう。

CHAPTER
2
Webデザインのトレンドと基礎知識

RULE

13

BASIC

メディアクエリ、2つのピクセル、ビューポートを理解する

Webデザイナーがレスポンシブウェブデザインを作るにあたって必要な知識をCSSやHTMLから読み解いてみましょう。こうしたピクセルの解釈や仕組みを知っておくことで、意図しない表示のトラブルなどにも対処できるようになります。

横幅を元にデザインを切り替えるメディアクエリ

レスポンシブウェブデザインは、CSSのメディアクエリと呼ばれる仕組みが使われています。メディアクエリは、主に特定の「幅」を指定してその幅の範囲ごとのデザインを指定する手法です。このメディアクエリを適切に設定すると、同じページであっても様々なデバイスに応じた適切なレイアウトが表示されます 01 。

01 メディアクエリの例

```
body{color:red;}
```

```
@media screen and (max-width: 800px) {
body{color:pink;}
}
```

```
@media screen and (max-width: 450px) {
body{color:orange;}
}
```

01 は、全体の文字色が、横幅450ピクセル以下の場合はオレンジ、451ピクセル以上〜800ピクセル以下の場合はピンク、801ピクセル以上の文字色は赤になります。なお、01 のような指定は最大幅の「max-width」のほか、最小幅の「min-width」を使っても可能です。

それでは、ここでいう「幅」の意味について考えてみます。まず、PCの場合はブラウザウインドウの幅になります。PCのディスプレイの幅を超えることはありませんが、ユーザによっては全画面で表示しないこともあるので、表示幅はまちまちです 02 。また、モニタの種類も豊富です。

MEMO
このような画面のデザインが切り替わる数値を「ブレークポイント」といいます。

POINT

- メディアクエリで幅を指定しデザインを切り替える
- 画面の解像度を示すデバイスピクセルと、実務で使用するCSSピクセルを知る
- meta viewportの設定を外さない

02 おなじ幅のPCであってもブラウザの表示によって幅が異なる

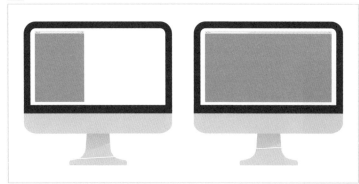

　次に、タブレットやスマホを考えてみましょう。いずれもPCと同様にブラウザを経由してサイトを閲覧する仕組みは共通ですが、モバイル機器の場合は、デバイスのディスプレイ幅とブラウザ幅は等しくなります。その一方で無数に機器の種類があったり、横と縦の設定があったりと、こちらも様々な幅があります **03** 。

　Web制作者は、デザインやコーディングの作業に入る前にこれらの要素についてあらかじめ、どの「幅」に対応するのかを決めておく必要があります。詳しくはCHAPTER3で解説しますが、次に紹介する「デバイスピクセル」と「CSSピクセル」の2種類のピクセルを理解しておきましょう。

MEMO
RULE.16でも紹介しています。

03 モバイルデバイスの幅

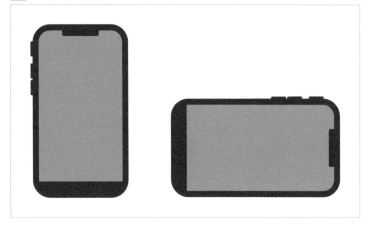

デバイスピクセルとCSSピクセル、デバイスピクセル比

　スマホを購入する際に「ディスプレイ解像度」という項目を目にしたことがある方も多いことでしょう。たとえばiPhone 15 Proのディスプレイ解像度は 1179×2556ピクセルです 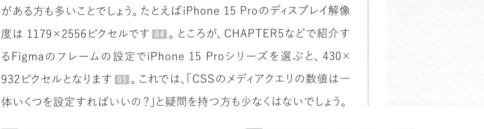。ところが、CHAPTER5などで紹介するFigmaのフレームの設定でiPhone 15 Proシリーズを選ぶと、430×932ピクセルとなります 05。これでは、「CSSのメディアクエリの数値は一体いくつを設定すればいいの？」と疑問を持つ方も少なくはないでしょう。

04 iPhone15 Proのスペック

「 Apple(日本)」
https://www.apple.com/jp/iphone-15-pro/specs/

05 FigmaにおけるiPhone15のフレーム設定

画面解像度を示す「デバイスピクセル」

　ピクセル数が多ければ多いほど、写真はきれいに見えます。 iPhone 15 Proの場合、物理的なサイズが約6.4cm×14cmに対して、1179×2556ピクセルですから、相当なピクセル数で表示されます。これらスマホのスペックとしてのピクセルを「デバイスピクセル」といいます。

同じサイズで表示できる「CSSピクセル」

　ところが、こうした高解像度のディスプレイで、CSSによって16ピクセルの文字サイズを指定したWebサイト表示すると、デバイスピクセルの数が多い分、「16ピクセル」が相対的に小さく表示されてしまいます。逆に高解像度向けだけに文字サイズを大きく指定してしまうと、今度は一般的な解像度のディスプレイでは文字が大きくなりすぎてしまいます。

　そこで、こうしたディスプレイごとの表示の差を吸収するのが「CSSピクセル」という仕組みです。Figmaの430×932ピクセル 05 は、「CSSピクセル」での画面設計になります。また、01 のようなメディアクエリで指定する画面幅も、これらCSSピクセルが元になっています。つまり、iPhone 15

Proシリーズでは、メディアクエリとして430×932ピクセルを選択することになります。

デバイスピクセルとCSSピクセルの比率
「デバイスピクセル比」

CSSピクセルは、1つの擬似的なピクセル（CSSピクセル）に対して複数のデバイスピクセルを入れて表示させる仕組みです。この擬似的なピクセルの中にいくつデバイスピクセルが入るかを表すのが、「デバイスピクセル比」です。

現在は、iOSやmac OSのRetinaディスプレイなど、デバイスピクセル比が2から3程度のディスプレイが多く普及しています。CHAPTER4や5で紹介するWeb向けの画像の書き出しでは、@2xや@3xといったデバイスピクセル比に応じた画像の書き出しオプションが用意されているので、必要に応じて高いデバイスピクセル比のディスプレイ向けに画像を書き出したり、実装をおこなうこともあります。

HTMLのviewport（ビューポート）指定を忘れない

こうした仕様のもとで、レスポンシブデザインに欠かせない要素に、HTMLのmetaタグのひとつである、neme属性の「viewport（ビューポート）」があります。ビューポートとは表示領域のことです。たとえば 06 のように設定します。

06 viewportの設定例

```
<meta name="viewport" content="width=device-width, initial-scale=1">
```

これにより、デバイスピクセルではなくCSSピクセルでサイトが表示されます。「PC上では問題なくレスポンシブとして変化していたのに、スマホの実機で確認したらPCと同じ見た目になっている」ようなトラブルの多くは、このビューポートの設定の不備によるものです。適切なビューポートを設定するとともに、早めに実機で確認することが重要です。

画像のライセンスに注意する

> 写真素材サイトなどの普及により、手軽にハイクオリティの画像が使えるようになりました。しかし、画像には基本的に権利やライセンスが存在するので、使用ルールは厳守しましょう。

「ロイヤリティーフリー」素材とは

写真の場合、カメラマンに対して「写真の権利」が発生します。その写真を使用したい場合、通常であれば使用料を毎回払います。この権利に対する対価を「ロイヤリティー」といいます。写真のほかにも、本やCDの売上に対して払われる印税や、特許使用料も同じ「ロイヤリティー」です。写真などの権利が発生する素材について「初回にお金を払って規約を守れば毎回の使用料（ロイヤリティー）を免除（フリー）する」のが、デザイナー御用達の「ロイヤリティーフリー素材」です。「フリー」という響きから無料素材のようにも聞こえますが、基本的には有料の素材です。

「ロイヤリティーフリー」は「譲渡フリー」ではない

では、一度「ロイヤリティーフリー」素材を購入したら、フリーに使ってもよいのでしょうか？

答えはNOです。ロイヤリティーフリー素材を販売しているサイトは画像の譲渡や再配布を禁止しています **01** 。制作会社がロイヤリティーフリー

---

01 ロイヤリティーフリーの素材サイト「PIXTA」の利用規約（抜粋）

5. 会員は、許諾されたRFライセンスを当社の承諾なく、第三者に譲渡、転貸及び移転等することができず、また第三者に対して再許諾することはできません。

6. 前項に関わらず、会員がその顧客（以下「クライアント」といいます。）のために制作する成果物においてコンテンツを使用する場合、会員は、クライアントに当該制作物の中でのみコンテンツを使用させることができます。又、会員がコンテンツを使用した制作物の制作を業務委託先に委託する場合、会員は、当該業務委託先に委託を受けた制作物の中でのみコンテンツを加工させることができます。いずれの場合も、会員は、クライアント及び業務委託先の利用規約等の遵守につき、責任を負うものとします。

> ⓘ ポイント
> ご自身でダウンロードしたコンテンツをクライアントのために制作する成果物に使用する場合は、クライアントの方は、あくまでも成果物の用途に限られた使用が可能です。ご自身でダウンロードしたコンテンツを業務委託先に渡して制作を依頼する場合、業務委託先の方は、あくまでその制作物の用途に限られた加工が可能となります。

7. 定額制によるRFライセンスは、シングルシートライセンス（会員ご本人のみ（所属組織が会員の場合は登録者のみ）がコンテンツのダウンロード及び加工が可能）となります。但し、当社と別途合意した場合は、その定めに従います。所属組織が会員のアカウントで単品購入によるRFライセンスを取得した場合、当該所属組織に所属する者は、登録者がダウンロードしたコンテンツを加工することができます。

> ⓘ ポイント

「PIXTA利用規約：サービス利用規約 第16条 コンテンツの販売形態（ロイヤリティ・フリー・ライセンス）」
https://pixta.jp/terms

POINT

- 「ロイヤリティーフリー」のフリーは無料や完全自由という意味ではない
- 素材の共有は規約に抵触する可能性大！ 慎重に規約を確認する
- AIでの生成素材の権利にも注意する

画像を購入し、その画像を使ったデザインをクライアントに納品するのはよくあることで、通常は問題になりません。しかし、注意をしていないと、気がつかないうちに禁止事項に抵触してしまっている可能性があります。

制作会社とクライアント間で起こりがちなやり取り

「ウチのページで使っている御社が用意してくれた画像いいね。気に入ったからチラシでも使いたいんで、元画像をちょうだい」。こういったやり取りは、先程の「再配布」に該当する可能性が高いので避けましょう。

規約の多くは「元データの再配布を禁止」しているので、サイズ等の加工がきちんと非可逆形式でなされていれば問題ありません。しかし、無加工の元データがデザインデータ内に存在している場合は禁止事項に抵触する可能性が高いので注意が必要です。

素材の提供元の規約は様々です。まずは素材の購入前に各提供元の規約をきちんと確認しましょう。ロイヤリティーフリー画像であっても、毎回発生する報酬だけを放棄しているのであって権利をすべて放棄しているわけではなく、運営元の規約に従う必要がある、という点を留意し、上手に素材（やクライアント）と付き合いましょう。

AI時代の素材との付き合い方

近年は画像生成AIの進化がめざましく、画像生成分野での期待も高まっています。同時にAIと著作権については法整備が待たれる部分も多く、どの立場に立って論ずるのかを含め総論を語るのが難しい面もありますが、私たちデザイナーがすぐにできることは「そのAIが生成した画像は商用利用が可能なのか？」を確認することです。

MEMO ▶

たとえば、AIの開発・学習段階と生成・利用段階では著作物の利用行為が異なります。また、AIが生成したコンテンツが著作物に当たるかという点も分けて考える必要があります。
参考：令和5年度著作権セミナー「AIと著作権」（文化庁）
https://www.bunka.go.jp/seisaku/chosakuken/93903601.html

CHAPTER 2 Webデザインのトレンドと基礎知識

画像生成AIのプロダクトとしては、2022年頃から話題になったMidjourneyや、Adobeが促進する生成AI（Adobe Firefly、PhotoshopやIllustratorに搭載された生成機能）などがデザイナーにとっては身近なAIです 02。たとえば、Photoshopの画像生成は2023年6月からプレリリース版（β版）に搭載されているものの、あくまでβ版のため、当時は商用利用が禁止となっていました。現在、Adobeの生成AIが生成した画像は商用利用が可能になっています。このように真新しいソリューションを仕事で使う場合には、まず商用利用の可否を確認しておきましょう。

MEMO
Midjourneyは商用利用可能であるものの、有料プランへの加入などの条件があります
https://www.midjourney.com/home

02 Adobe Firefly

「Adobe Firefly」公式サイト
https://www.adobe.com/jp/sensei/generative-ai/firefly.html

COLUMN

AIとWeb制作者のモラル

AIによる画像生成は便利ですが、私たち制作者はモラル面でも利用に注意を払わなくてはいけません。たとえば特定のイラストレーターの絵柄をAIに学習させてイラストを生成し、ゲームのバナー画像を制作して問題になったケースがあります。このケースには少なくとも、①「イラストレーターへ発注することなくその特徴的な絵柄を使い、イラストレーターの仕事に対する機会を損失した」、②「あたかもそのゲームの中にそのイラストレーターの絵が出てくるかのように誤認させた」という2つの問題があります。画像生成AIの登場によって、様々な画像が簡単に手に入るとともに、こうしたトラブルは今後多くなるでしょう。私たち制作者側がモラルを持って仕事に向き合うことが強く求められています。

Webデザインの
基本的なルール

Webデザインは閲覧するデバイスや操作方法など、ユーザーの
環境に依存する部分も大きく、デザインする前に共通認識として
のルールや設定、対応範囲などを決めておく必要があります。こ
こではそんな最低限押さえておきたいWebデザインの基礎知識
を紹介していきます。

基本の文章構造にあわせた設計をする

HTMLを意識したデザインはSEOの面から見ても大切です。Webデザインは見た目だけでなく、タイトルやコンテンツの構造も意識してデザインするように心がけましょう。

HTMLの基本的な文章構造

HTMLは人だけでなく、コンピュータなどにもわかるように構造を示すものです。そしてその構造にはルールがあります。デザインから入ってしまうと、この構造がおかしくなることもあるので注意しましょう。

基本的な構造として、絶対に外せないのがタイトルと本文（コンテンツ）の関係です。タイトルの後にコンテンツが来るのが正しい流れです。しかし、まれにタイトルとコンテンツの関係が不明瞭なデザインも見かけます `01`。

`01` タイトルと本文の関係

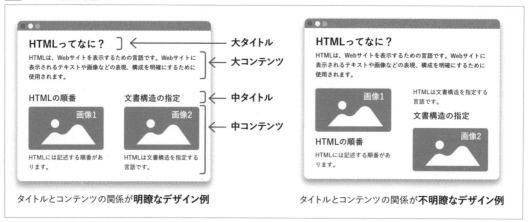

タイトルとコンテンツの関係が**明瞭なデザイン例**　　タイトルとコンテンツの関係が**不明瞭なデザイン例**

不明瞭なデザインをそのまま簡易的なHTMLで表現するとどうなるか見てみましょう。文章構造上は要素を上から見ていくので `02` のような順番になります。

POINT

- HTMLの文章構造に沿ったデザインを心がける
- レイアウトで工夫したい場合は必ず意図や関係を説明
- タイトルのないデザインは原則禁止

02 **不明瞭なデザイン例のコード**

```
<section>
  <h1>HTML ってなに？ </h1>                               ← 大タイトル
  <p>HTML は、Web サイトを表示するための言語です。Web     ← 大コンテンツ
  サイトに表示されるテキストや画像などの表現、構成を明確
  にするために使用されます。</p>
  <div>
  <img alt=" 画像 1" />                                   ← 中コンテンツ画像 1
  <h2>HTML の順番 </h2>                                   ← 中タイトル 1
  <p>HTML には記述する順番があります。</p>               ← 中コンテンツ文章 1
  </div>
  <div>
  <p>HTML は文書構造を指定する言語です。</p>             ← 中コンテンツ文章 2
  <h2> 文書構造の指定 </h2>                               ← 中タイトル 2
  <img alt=" 画像 2" />                                   ← 中コンテンツ画像 2
  </div>
</section>
```

MEMO
こうしたコードへの理解については
RULE.065でも紹介しています。

CHAPTER

3

Webデザインの基本的なルール

　この場合、「中コンテンツ画像1」は、「中タイトル1」よりも先にあります。また「中コンテンツ文章2」も、「中タイトル2」より先にあり、タイトルとコンテンツの関係性がおかしくなっているのがわかります。

　人の目で見ればわかるデザインでも、文章構造に直したときに、それが適切ではない場合もあります。ここは本来であれば「タイトル→コンテンツ文章 or コンテンツ画像」という流れが、パターンとして入っていなければいけません。

　ただし、CSSを工夫すれば、正しい文章構造でもレイアウトを変更することはできます。見た目上の順番を変えるレイアウトの場合は、必ずコーディング側と相談しましょう。

　またごく稀に、デザイン上にタイトルがないまま、コンテンツ要素だけを並べてしまっている例も見かけます。Webデザインでは、見てわかるようにタイトル、コンテンツの順番にレイアウトするようにしましょう。

RULE 16

BASIC

ランドスケープモードの挙動に注意する

PCでモニタの向きを頻繁に変えることはまれですが、スマホやタブレットでは当たり前の動作です。向きを変えると縦横比が大きく変化するので、デザインや動作に問題がないか注意しましょう。

スマホやタブレットのランドスケープモード

スマホやタブレットは、向きを縦や横へと自由に変更して閲覧できます。Webデザインでは、通常は縦向きでデザインすることが多いですが、横向き（ランドスケープモード）の時にどう処理するかについても事前に考えておく必要があります。

また近年のWebデザインにおいてはスマホ、タブレット、PCと画面のサイズがほぼ無限に展開するので、縦横はもちろん、スマホだけ、PCだけ、という考え方はせずに、なるべく画面サイズには柔軟に対応するように設計していきましょう。

よくある対応方法

アプリなどでは、そもそもランドスケープモードを禁止してしまう方法もあります。しかし、アクセシビリティの観点から見ても、操作を制限するのはあまりよくありません。Webサイトの場合は大きく分けて3パターンの方法があります。一つは幅にあわせてそのまま拡大する方法です 01 。

01 固定して拡大する

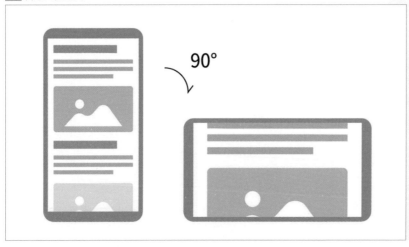

90°

POINT

- 横向きはレスポンシブウェブデザインでの対応が理想的
- 横向きの時の表示崩れは様々なパターンがあるので検証する
- どのウィンドウサイズでデザインを切り替えるかを事前に決めておこう

2つ目は、レイアウトなどの指定はそのまま、画像や文字の要素も大きくせずにおく方法です 02 。

02　レイアウトの指定はそのままで要素も大きくしない

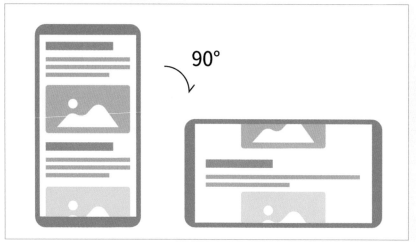

3つ目は、ランドスケープモードにしても崩れないよう、レスポンシブウェブデザインで組んだものです。こちらがもっともスマートな方法です 03 。

03　レスポンシブウェブデザインを採用

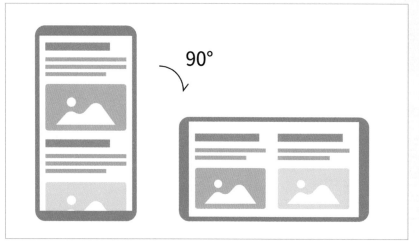

このように、Webサイトの表示の向きは固定できませんが、CSSや
JavaScriptを活用することにより、ランドスケープモードでレイアウトを通
常のものと変えるようにしておいたり、場合によっては「このページは縦向
きでの閲覧を推奨しております」などのアラートを出すなどの対応が可能
です。

横向きにした時に起こる問題点

縦をベースにデザインしていると、横向きにした際に問題が起こりやす
くなります。によく見られる失敗例をあげるので、デザインする際の注意点
としてチェックしてください 04 〜 07 。

04 画像やテキストが見切れて全体がわからない

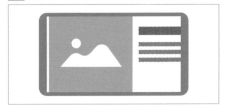

05 メニューなどスクロール固定の要素が崩れる

06 開いたメニューやコンテンツが見切れて選択できない

**07 JavaScriptで制御した部分が崩れる&フォームや
テーブルが崩れる**

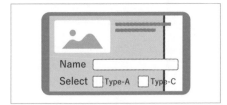

タブレットのデザインと統一する場合も

　スマホの画面サイズは、比較的ユーザの多い、iPhone SE（2世代）の375x667pxを現在の最小基準とした場合、タブレットで人気のあるiPad（10世代）820x1180pxの縦サイズと比較すると、667（SEの横向き）と820（iPadの縦向き）でその差は100数十ピクセルと非常に近くなります。そのため、スマートフォンの横向きはタブレット表示のデザインとして対応することが多くなります **08**。

　レスポンシブウェブデザインとして設計する上で、どこまで対応するかは事前に決めておきましょう。

08 スマホの横向きをタブレット表示として対応

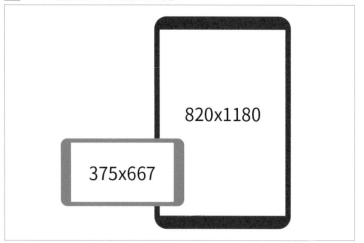

COLUMN

スマホの「ノッチ」に注意

スマホでの見え方で注意したいのが、インカメラなどが埋め込まれているスマホ上部の「ノッチ」と呼ばれる部分です。現在主流のスマホは縁（ベゼル）を薄くする代わりにノッチが目立つものが多くなっています。

特にランドスケープモード（横向き）のとき、こうしたノッチに対してデザインを回り込むように表示させるのか **01**、あるいはノッチのエリアには表示しないのか **02** という点もデザインする上で頭に置いておきたい要素です。実際の対応はコーディングでおこないますが、たとえばFigmaのプロトタイプモードでの表示ではノッチの下を含めた全面にデザインが表示されるので、これが意図したものでない場合はデザイナー側がプロトタイプでの見え方を手直しする場面もあるでしょう。

なお、HTMLのmeta name="viewport"にはviewport-fit=coverという設定が可能です。

01 ノッチに対して回り込む例

02 ノッチエリアには表示しない例

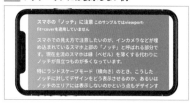

対象の端末・OS・ブラウザを決めておく

多くの閲覧環境すべてに綿密に対応するのは困難です。あらかじめ、閲覧対象外の端末やOS、ブラウザを決めておき、実機とエミュレーターで上手に検証しましょう。

すべての環境で同様に表示させるのは不可能

　Webサイトは、PC・スマホ・タブレットの機種によって画面サイズや解像度が異なります。たとえ同じ機種であっても、アップデートなどにより、搭載されているOSや使用しているブラウザが異なる可能性もあります。これらすべての機種とOS、各種ブラウザの表示を実機で確認検証し、対応するのは物理的に不可能です。

「作業前」に「対象にならない環境」を決めよう

　そこで、作業の「着手前」にクライアントやチームの中で、閲覧の対象にならない環境を決めておきましょう。あらかじめ文書で取り決めをおこなわないと、コーディングが終わった後で、以下のようなやり取りに発展してしまいます。

> クライアント:「○○(古い機種名)で見たらちょっと違う」
> あなた:「それは古い機種なので……」
> クライアント:「そんなことは話にない。対応して!」

　たとえば、対象とする環境は発売・リリースから2年以内とし、その後は全体のシェアなどを見ながら判断するような取り決めをおこなっておくとよいでしょう。また、クライアントに対しては、本件以外にも、色やフォント、文字数や改行位置など、閲覧者の環境によって左右される要素について必要に応じて説明しましょう。

実際の指定はどうしてる?

　2023年10月時点での世界の主要ブラウザ使用状況を見てみるとChromeが圧倒的なシェアを誇っています。

MEMO

ブラウザのシェア
Chrome:63.14%
Safari:19.91%
Edge:5.45%
Opera:3.31%
Firefox:3.06%
出典:https://gs.statcounter.com/
上記URLでは、ブラウザ、OS、スクリーンサイズ、デバイスの種類など様々な環境の統計情報が確認できます。

POINT

- すべてのデバイスやOS、ブラウザを検証することは不可能
- OSやブラウザの各最新バージョンを基準に、対応範囲を決めておく
- まずは実機での検証を。補助的にエミュレーターを使うのも一案

世界ほどではありませんが、日本でのChromeのシェア率も50.66％と過半数を占めており、基本的なブラウザはChromeといえるかもしれません。

しかしこれはデスクトップ等のPC、スマホ、タブレットなど、なんのデバイスやどのOSで利用するかによって状況が変わるので、一概に「Chromeで表示できれば大丈夫」といい切ることはできません。

近年のブラウザ状況を考えた場合、自動アップデートの推奨や古いブラウザのサポート切れなどもあり、最新ブラウザでの利用がかなり増えています。それらを踏まえ、デザインや構築のための「対応ブラウザ」は最新版を指定することも多くなっています。右のMEMOを参考にクライアントとよく相談してみましょう。

実機とエミュレーターを上手に使って検証を

作ったサイトを検証するには、実際の環境（デバイス・OS・ブラウザ）で検証するのが一番です。スマホやタブレットは実機での検証が推奨されますが、前述したように、すべてを実機で検証するには限界があります。そこで、各ブラウザのデベロッパーモードや、エミュレーターなどを利用しましょう 。擬似的に表示・検証していくだけでも、作業の助けになるはずです。

どうしても実機検証が必要な場合、実機を揃えている各種検証センターに行く方法も検討しましょう。

> **MEMO**
> 対応ブラウザ・対応環境について（例）
> ・Chrome、Safari、Edgeの各最新バージョン
> ・Android、iOS、Chrome OSの各最新バージョン
>
> ※上記推奨環境以外では正しく表示、ご利用できない場合がございます。
> ※上記推奨環境下でも、ご利用のOSやブラウザの設定により正しく表示、ご利用できない場合がございます。
> ※上記推奨環境下でも、ご利用のデバイス（端末・機器）により正しく表示、ご利用できない場合がございます。

> **MEMO**
> エミュレータ例
> Genymotion Android Emulator
> Genymotion Android Emulatorには30日間の無料試用期間があります。
> https://www.genymotion.com/

01 Safariの開発「レスポンシブモード」

02 Chromeの「デベロッパーモード」

CHAPTER 3
Webデザインの基本的なルール

RULE 18

BASIC

タップを含めた
タッチ対応は必須項目

Webサイトは PCだけでなくスマホやタブレットに加え、スマートウォッチや家電と連動した IoTデバイスなど様々な環境で閲覧されます。それに伴い Webサイトの指やスタイラスペンでのタッチ（タップ）対応も必須となってきています。

タップ対応は最低限のデザイン

スマホやタブレットのみならず、PCでも一部の機種はタップ対応をしています。中でも、タップ、長押し、スワイプ、ピンチ操作は一般的なWebサイトでも動きを考慮した設計が必要です。それぞれの動きと、使い所を考慮してデザインしていきましょう。

タップ

指で一回タップする操作です 01 。PCのマウス操作のクリックにあたり、様々な操作の基本となります。デザインにおいては指のサイズを考慮したボタン設計が必要です。

01 **タップ操作**

長押し

マウスの副（右）クリックと同じ種類の操作です 02 。テキストの選択の際も活用されるので、指で選択しやすいよう、行間や文字間にも注意が必要です。

POINT

- ● タップ操作を念頭に置いたデザインをする
- ● 指での操作は素早くできる代わりに、細かな動きが苦手なので注意
- ● 物理的なフィードバックの代わりに視覚的なフィードバックを活用する

02 長押し操作

スワイプ・フリック

　画面に触れたまま上下左右に指を移動させ、コンテンツやページを移動させる操作です **03** 。マウスなどのボタン操作よりも感覚的に触れるため、スマホと相性のよい動きです。

03 スワイプ・フリック操作

CHAPTER

3

Webデザインの基本的なルール

ピンチイン・ピンチアウト

　2本の指をつまんだり（ピンチイン）広げたり（ピンチアウト）して、要素を拡大縮小する操作です 。小さな画面で操作するスマホにおいては見やすさをサポートする重要な操作になります。

04 ピンチイン・ピンチアウト操作

回転

　2本の指で画面を捻るようにスライドさせ、要素を回転させる操作です 05 。地図や写真アプリなどで多く見られ、ピンチ操作とあわせてユーザがコンテンツを見やすい状態に調整するために役立ちます。

05 回転操作

指での操作を前提としたデザイン

　指による操作はマウスに比べて細かな部分の操作が難しいというデメリットもあります。その一方で感覚的な操作とボタンを設置するスペースの節約などのメリットもあるので、特性を理解した上でうまく設計しましょう。たとえばスワイプの場合、表示されている画面全体をスワイプの操作対象エリアとするか、または表示中の一部画像エリアのみを対象とするかにより、その操作感やレイアウトも変わってきます 06 。

06 **スワイプの操作対象エリア**

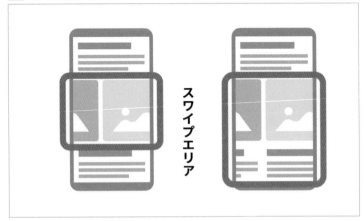

　またタップでの操作は押せたかどうかなどの感覚的なフィードバックはありません。そのため、視覚的なフィードバックでのフォローが必要となる場合があります 07 。

07 **スマホでは視覚的なフィードバックが必要**

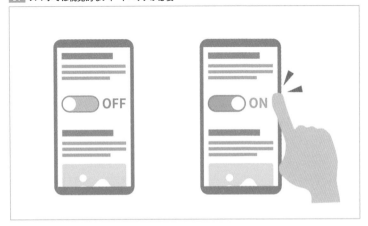

CHAPTER

3

Webデザインの基本的なルール

Webサイトの拡大操作に注意

現在のWebサイトは、様々な手段で拡大縮小して表示されることがあります。特にピンチアウトを含む拡大操作は、Webサイトの表示が大きく崩れることもあるので注意しましょう。

ページを拡大した時に崩れることもある

ピンチアウトなどで画面を拡大する時の問題は、ほとんどはサイズ指定からくるレイアウト崩れです。通常であれば、表示しているサイト全体を一定の比率で拡大、縮小するように構築されますが、一部を固定して追随するようなレイアウトなど状況によっては崩れが発生しやすくなります。実装後にはレイアウトチェックをおこなうようにしましょう 01 。

01 ピンチアウト時のレイアウトの崩れに注意

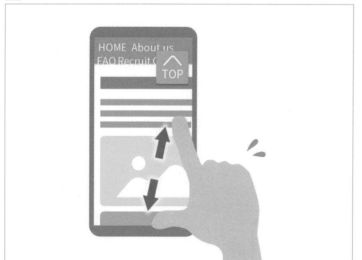

ピンチイン・ピンチアウトの制御方法

ピンチイン・ピンチアウトの制御は大きく分けてJavaScriptを使う方法と、CSSを使う方法があります。CSSの場合はtouch-actionプロパティで実現可能です 01 。値をmanipulationにすると、ピンチインやピンチアウトは有効ですが、ダブルタップによるズームを制御できます。noneにするとすべてのジェスチャを無効にします。

01 ピンチイン・ピンチアウトを制御するCSS

```css
body {
    touch-action: pan-x pan-y;
}
```

POINT

- ● ページ内の拡大縮小は当たり前におこなわれる
- ● ピンチ操作は固定することもできるので事前に決めておく
- ● ピンチアウト&インができないと読み（見え）にくい人もいる

ピンチアウトやピンチインを許可するかどうか

実装方法によっては、スマートフォンやトラックパッドのピンチ操作を無効にしてしまう方法もあります。しかし、ピンチを固定してしまうと、デザインの本質である「見やすさ」を損なってしまうおそれがあるので、これはアクセシビリティのガイドラインでも避けるように書かれています。もしも固定させる場合は、どこまで許可するか、どのように動くかなどを考えておくとよいでしょう 02 。

02 **ピンチを固定する場合は見やすさが損なわれる恐れがある**

ピンチアウト以外にもデバイスの設定にも注意

ピンチ操作を無効化していたとしても、ユーザがデバイスの設定によって文字サイズなどを変更している場合があります。Webサイトの場合はあまり影響がない場合が多いですが、アプリなどの場合は文字サイズ設定の影響を大きく受けてしまうので、ピンチ操作だけでなく、各種サイズ変更に対応できるシームレスなレイアウトは常に念頭に置いて制作をするようにしましょう。

CHAPTER

3

Webデザインの基本的なルール

RULE
20
BASIC

Webデザインの単位を理解する

> 画面のデザインというと、一般的にはピクセル（px）を思い浮かべることが多いかも知れません。Webサイトの場合もピクセルは解像度やサイズの基本概念になりますが、指定方法とした場合にはピクセルだけでは対応できない場合もあります。

Webの単位は絶対と相対がある

Webで使われる単位は状況により様々ですが、大きく2つの種類で使い分けます。

絶対単位

画面サイズやパソコンなどで開いている際のウィンドウサイズに依存しないサイズ指定です。Webで主に使われるpxに加え、印刷物が主流でWeb用として推奨はされませんが、pt（ポイント）、in（インチ）、さらにmm（ミリ）、cm（センチ）などもこの部類に入ります。

他の要素指定に影響されないので、スマホでよくあるランドスケープモードなどで文字が大きくなっては困る場合などはpx指定をするとよいでしょう。

相対単位

文字だけでなくその上位レイヤー、つまり文字を囲む親要素や、ページ全体の指定などに影響を受けてサイズが変わる相対的な指定です。em、rem、%、vw、vhなどがこれに当たります。

em、rem、%は親要素やページのHTML要素の指定に影響を受けるのに対して、vw、vhは画面やブラウザの表示サイズを基準とするため、ウィンドウサイズなどを変えるとvw指定の要素もサイズが変わることになります。

用語
em（イーエム）とrem（レム）
フォントサイズのプロパティの値を1とする考え方。font-size:10pxの場合、1emは10px相当になる。emは親の要素のフォントサイズを参照し、remはroot要素のフォントサイズを参照する。

用語
vw（viewport width）とvh（viewport height）
それぞれ、ビューポート（表示画面）の幅と高さを基準とした単位。

POINT

- デザインツールの段階ではピクセルが基本単位
- 実装には可変の相対単位が使われることが多い
- pt指定をすると環境によってサイズが変わる場合がある

デザインする際の指定方法

サイズ指定の種類はあくまでも実装時の指定方法となるので、デザインツール上で作成する際はpxを使って作成しましょう。

その上で、画面サイズやウィンドウ幅で可変（レスポンシブ）なデザインを作成する場合は、どこを基準に画像や文字のサイズを変更するかを話し合う必要があります。

ptやmmなどの指定は行わない

印刷でよく使われるptやmm指定は、Webでは推奨されません。Photoshop上（Web設定）で文字サイズに16pxを指定した場合 01 を例に見てみると、そのままCSSでコーディングしてもブラウザ表示とのサイズに違いはありません。しかし16ptと指定した場合、ディスプレイなど環境によりブラウザの表示サイズに違いが出ます 02 。

これはptが印刷を前提にした単位であることから、解像度（ppi)が関係するためです。ptやmmなどはあくまでも印刷で使用するための単位なので、Web制作での使用は避けましょう。

01 Photoshop上（Web設定）でpxとptを指定

それぞれの表示＜16px＞

それぞれの表示＜16pt＞

それぞれの表示＜12px＞

それぞれの表示＜12pt＞

02 ブラウザでpxとptを表示した例

文字サイズ.html

ファイル | /Us...

それぞれの表示＜16px＞

それぞれの表示＜16pt＞

それぞれの表示＜12px＞

それぞれの表示＜12pt＞

Webの色表現①
RGBと色の指定の仕組みを理解する

あらゆるデザインにおいて色は欠かすことのできない要素で、的確な色の指定が求められます。そこで、まずはWebで色を扱う上での前提知識を知っておきましょう。

ディスプレイで表示されるデザインはRGBで作る

テレビやPC、モバイルデバイスなどのあらゆる画面では、光の三原色で色を表示しています。そこで、Webデザインや映像制作では、色の指定を光の三原色であるR（レッド）G（グリーン）B（ブルー）を基準におこないます。RGBと比べ、印刷で使用するCMYKは色の表現域である「色域」が狭いので、カラーモードをCMYKとして作成したデザインは実質的に使える色に制限がかかり、Webサイト上では相対的に色がくすんで見えます。

ドキュメントのカラーモードはRGBを使用する

デザインアプリなどでのドキュメントのカラーモードは「RGB」を使用します。IllustratorやPhotoshopでは新規ドキュメントの作成時に「Web」もしくは「モバイル」を選択すればRGBが選択されます。Figmaやほかのディスプレイで表示されることを前提にしたデザインツール・Webサービスでは、はじめからRGBが基本になります。たとえば各アプリのカラーパネルのRGBのスライダー 01 では0から255までの数値を使ってそれぞれの色の強さを表現します。すべてが0なら黒になり、すべてが255なら白になります。背景や文字の色をコーディングする場合は、この数値をCSSで表現します。

MEMO
色域についてはRULE.23も参照して下さい。

01 **RGBのスライダー（Photoshop）**

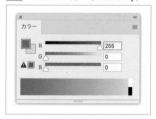
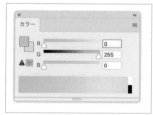
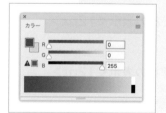

POINT

- ● ディスプレイでの表現はRGBを使用する
- ● 印刷で用いるCMYKはRGBと比べて「色域」が狭い
- ● カラーコードの種類をおさえておく

CHAPTER

3

Webデザインの基本的なルール

素材のカラーモードにも注意する

　たとえばロゴやイラスト、写真などの素材の制作フェーズでは、はじめにスクリーン用のRGBでデータを作ってからCMYKに変換します。また、素材をダウンロードできるサイトのIllustratorで作成されたデータの中には、CMYKモードで制作されているものもあるので、特に素材を扱う場合はカラーモードに気をつけましょう。

COLUMN

RGBからCMYKの変換には注意

CMYKはインキ（インク）の量を表します。インキの量には適切に印刷するための規定値がありますが、RGBからCMYKへの変換をおこなう際にプロファイル（RULE.022）が変換されて規定の総インキ量を越えてしまうことがあります **01**。たとえば、黒は通常K100となりますが、RGBの黒を単純にCMYKに変換して印刷すると余計なインクが乗りすぎてしまうケースがあります。IllustratorでイラストをCMYKに変換する場合、特に黒の数値に気をつけましょう。

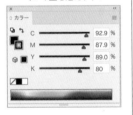

01 黒を変換すると規定のインキ量を超えやすい

ディスプレイによって変わる表示

　RGBは印刷のCMYKよりも発色のよい指定が可能です。ただし、個々が使用しているディスプレイやPCにより表現できる範囲が異なるため、Webでは厳密な色再現が難しくなります。Webデザインでは、緻密な色の指示よりも環境による色の変化を踏まえた指定をするようにしましょう。特に、淡い色使いは環境によって見えなくなることが多いため注意が必要です。

　Webデザイナーは比較的macOSを使用するケースが多いですが、一般のユーザはWindowsの方が多いため、色の差異が大きくなりがちです。確認用にWindows用のディスプレイやiOSとAndroidなど、異なる閲覧環境を用意してチェックできる体制を作るとよいでしょう。

MEMO

この「ディスプレイによって変わる色表現」には様々な要因があります。次のRULE.22でも解説します。

CSSでの指定から見るWebの色表現

CSSではいくつかの方法で色を指定できます。単純な色であればred やgreenなど、英単語での指定も可能です。設定によっては透明度など も扱えるので、デザインしながら実装のコードを想像できるのが理想的で す。

Hexによる色指定

Hexは#と6ケタの16進数により表される色です。私たちが日常的に使 用している数の表現は10進数と呼ばれます。10で桁が上がるので「0〜9」 の10種類の数字で表せます。

これに対して16進数はコンピュータの世界でよく使われる数の表現で す。16で桁が上がるため、10種類の数字では足りません。そのため 「0123456789ABCDEF」とA〜Fを加えた16種類の文字で数を表現しま す 02 。連続する2ケタの英数字が同じものだった場合は省略が可能なの で、#00FF00は #0F0と書いても同じ色が表示されます。なお、Hexでは 透明度を表すことはできません。

なお、IllustratorのカラーパネルではRGBで色を設定すると、その色 のHex値が表示されます 03 。

02 **Hexを使ったCSSの色指定**

```
セレクタ {
    プロパティ: #000000;
}
```

03 **Illustratorのカラーパネル**

RGB、RGBaでの色指定

RGBの色指定は数値をカンマ区切りで入力していきます `04`。a（アルファ＝透明度）を加えて、色を重ねるような表現も可能です `05`。数値は1.0（不透明）〜0（透明）となります。たとえば緑色の文字を半透明にするには `06` のように指定します。

`04` RGBを使ったCSSの色指定

```
セレクタ {
    プロパティ : rgb(赤，緑，青）；
}
```

`05` RGBaを使ったCSSの色指定

```
セレクタ {
    プロパティ : rgba(赤，緑，青，透明度）；
}
```

`06` 緑色の文字を半透明にする色指定

```
color: rgba(0, 255, 0, 0.5);
```

COLUMN

opacityとRGBaの違いと使い分け

RGBaのほかにも色の透明度を表すプロパティには、opacityがあります。opacityは要素全体に適用されるので、中の文字なども透明になります。RGBaは指定した色のみに適用されます。たとえば写真の上に要素を半透明に重ねたい場合はopacity、背景色や文字色のみを透過したい場合にはRGBaを使います `01`。

`01` opacityとRGBaの表示

Webの色表現②
カラープロファイルを適切に選ぶ

色には種類があります。この種類を示す規格が「カラープロファイル」です。カラープロファイルを指定してあわせると色の表現範囲（色域）を統一でき、意図した色の再現性が高まります。

ディスプレイや画像に存在する「カラープロファイル」

色の表現は様々な要素が複雑に絡み合っています。そのため、Webデザイナーが意図した色をすべてのユーザに対して完璧な再現で届けるのは不可能です 01 。

01 ユーザがWebサイトを見る時に生じる、たくさんの「差」

この「差」を前提として、デザイナーが極力意図した色を届ける作業には、「データのカラーモードをRGBに変換」と、書き出す画像側にRGBの種類を示す「カラープロファイルの埋め込み」があります。

可視領域に対する各プロファイルの色域

ヒトの可視領域に対して、ブラウザが表現できる色域（色の範囲）は限定的です。また、デバイス同士の色域も機種によってバラバラです。しかし、この限定される範囲を「カラープロファイル」として定義して揃えることができれば、再現性の高い色表現が可能になります 02 。

用語
カラープロファイル
カラープロファイルの規格は国際標準化団体であるICCによって策定されており、「ICCプロファイル」と呼ばれている。本書では各デザインアプリの表記に従い、カラープロファイル表記とする。

POINT

- デバイス側と画像側のカラープロファイルを考慮する
- まずはsRGBプロファイルの埋め込みを基本に考える
- sRGBを上回るDisplay P3をカバーするディスプレイも多く流通している

02　代表的なカラープロファイルの特徴

代表的なカラープロファイル	特徴
sRGB	汎用性の高いプロファイル
Adobe RGB	sRGBよりも色域の広いプロファイル
Display P3	Adobe RGBと同じくらいの色域で、領域の違う高色域のプロファイル

Display P3は新しい後方互換バージョンのプロファイルで、Apple社をはじめ多くのメーカーのディスプレイで使用可能です。近年はスマホからの閲覧者が圧倒的なため、iPhoneに使用されているDisplay P3も意識しておくとよいでしょう。

このようなディスプレイ側の「デバイスプロファイル」に対して、FigmaやPhotoshopなどで設定する「画像プロファイル」は、pngやjpgなどの画像データ側に埋め込むカラープロファイルです。

ブラウザで画像を表示する際、画像側に「画像プロファイル」が埋め込まれていないと、ディスプレイやブラウザの設定によって画像の色彩が変わるケースもあります。

用語
DCI-P3とDisplay P3
DCI-P3は映像撮影に適した規格で、これをベースに作られたのがDisplay P3。なお、Appleの公式サイトなどでは、広色域ディスプレイ（P3）などと表記されている。

MEMO
「デバイスプロファイル（モニタプロファイル）」「画像プロファイル」は別のものとして理解しておきましょう。

カラープロファイルを埋め込むことを徹底する

カラープロファイルは一見すると難解に感じるかもしれません。しかし、「画像に対してRGBのカラープロファイルを埋め込んで書き出すこと」を徹底すれば大きな問題はありません。

次にどのプロファイルを選ぶかですが、一般的には汎用性の高い「sRGB」の画像プロファイルを埋め込むことが前提になります。ただ先に述べたように近年はDisplay P3対応のディスプレイのシェアも増えていることから、Display P3の画像プロファイルも検討するとよいでしょう。

CHAPTER
3
Webデザインの基本的なルール

Figmaにおけるカラープロファイルの埋め込み

　Figmaはドキュメント全体に対してsRGBもしくはDisplay P3のカラープロファイルを設定できます。ドキュメントをsRGBにした状態でオブジェクトをエクスポートするとき、[…]のアイコンをクリックしてカラープロファイルの埋め込みの有無を選択できます（P.179）。

Photoshopにおけるカラープロファイルの埋め込み

　sRGBのカラープロファイルを埋め込む場合は、以下の手順でおこないます 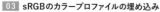。

❶［ファイル］メニュー→［書き出し］→［書き出し形式］を開く
❷右下の［sRGBに変換］［カラープロファイルの埋め込み］にチェックを入れて書き出す

03　sRGBのカラープロファイルの埋め込み

　元がDisplay P3の画像に対してカラープロファイルを埋め込む場合は、［別名で保存］などで「カラープロファイルを埋め込み」にチェックを入れた状態で保存します 04 。

MEMO
カラープロファイルをDisplay P3に変換する場合は［編集］メニュー［プロファイル変換］を開き［Display P3］を選択します。たとえばsRGBからDisplay P3に変換しても、元のsRGBの色域を越えた色にはならないので注意しましょう。

04 Display P3のカラープロファイルの埋め込み

別名で保存

名前: banner.psd

タグ:

場所: 🗂 Desktop

フォーマット: Photoshop ⓘ コピーを保存...

☑ カラープロファイルの埋め込み : Display P3

Creative Cloud に保存

キャンセル 保存

埋め込んだカラープロファイルの確認

画像のカラープロファイルを確認するには、macOSの場合はFinder上でファイルを選択してショートカット[⌘]+[I]でカラープロファイルを確認できます **05**。

05 カラープロファイルの確認

⚫ ⚫ ⚫ 🖼 banner-1.pngの情報

🖼 **banner-1.png** 902 KB
変更日: 今日 16:40

タグを追加...

> 一般情報:

∨ 詳細情報:

大きさ: 700×700
色空間: RGB
カラープロファイル: sRGB IEC61966-2.1
アルファチャンネル: はい

Photoshop上で確認するには、主に2つの方法があります。

「情報」パネルのパネルメニューからパネルオプションをを開き、「ステータス情報」の「ドキュメントのプロファイル」を選択してから「情報」パネルを確認します。もしくは、画面左下(デフォルトではファイルサイズ表示)の[>]のアイコンをクリックして「カラープロファイル」を選択します。

MEMO ▶

SNSなどに印刷物のデザインデータを画像として投稿すると暖色や緑などの色が極端に変わるケースがあります。CMYKのカラーモードで書き出した画像をそのままサイトに掲載すると、ブラウザが色を解釈(カラーマネジメント)します。ただし、ブラウザによってCMYKの解釈が違うため、このようなことが起こります。CMYKで作成した印刷物のデータをWebに利用する際は、一度RGBに変換してからアップしましょう。

RULE

23

BASIC

指で操作するためのサイズを考慮する

スマートフォンやタブレットは指をメインの入力デバイスとしています。そのため、ボタンやリンクターゲットなどの最小サイズにも注意が必要です。PCサイトであっても、タップ操作ができる前提で設計しておきましょう。

タップできるボタンサイズとは

iPhoneやAndroidなどのスマホをはじめ、iPad等のタブレット、さらにPCでもタッチパネルを搭載したものが増えてきています。そんな中で、Webサイトのデザインにおいても最小のボタンサイズというものが変化をしてきています。

ボタンサイズは、マウスやトラックパッドを使ったポインターでのクリックであれば10px（10pt）程度あればよいとされていました。

しかし、画面にタッチできる範囲、つまりタップエリアとしては10pxは小さすぎます。あまりに小さなボタンの場合、タップしようとしたときにボタンが指の影に隠れてしまうため、位置がよくわからなくなってしまいます。

ボタンサイズの基準

ボタンサイズを設定する場合は、GoogleやAppleが策定しているデザインガイドラインを参考にするとよいでしょう。

これらのガイドラインでは、タップエリアの最小サイズは44pt以上をとるように記載されています。ただしこのpt（ポイント）という単位は、ブラウザなどの環境の違いにより差異が生まれます。

なお、通常は1pt=1pxとして44px（ピクセル）を基準と考えておけば問題ないとされています。

ペーパープロトタイプなど、実際の紙などに印刷してサイズ確認をするような場合は、10mm前後をとるようにすれば、画面上の44pxと同等かそれ以上のサイズになります 01 。

ボタンの周りの余白も重要

ボタン本体のサイズだけでなく、そのボタンの周りの余白、スペースも重要です。

MEMO
Google : Material Design 3
https://m3.material.io/

Apple : Human Interface Guidelines
https://developer.apple.com/design/human-interface-guidelines/

POINT

- ● PCでもタップ操作を前提としてデザインしたほうがよい
- ● タップできるボタンサイズは44ピクセル以上にする
- ● 指の操作を前提に行間や要素の距離を離す場合もある

01 ボタンサイズは44pt以上に

ボタン自体が44px未満の小さなものであっても、その周りのスペースが大きくとってあれば、結果的に十分なエリアをとっているので、誤タップも減り、それはタップエリアとしては機能します。

44pxという数値にだけとらわれるのではなく、「周りを含む全体の設計として、タップするのに十分なスペースが取れているか」で判断するようにしましょう **02** 。

02 隣との間隔をしっかり確保すれば誤タップも減る

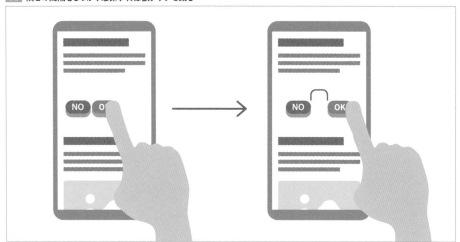

RULE 24

BASIC

リキッドレイアウトでは画像サイズが変わる

ウィンドウの横幅により可変するWebデザインを、リキッドレイアウトと呼びます。表示を絶対値で固定するのではなく、相対的に、画面やウィンドウの割合で指定するため、その中に配置される画像やロゴ、バナーなども拡大縮小します。

リキッドの動きを考える

レスポンシブウェブデザインを中心としたリキッドデザインが主流となっている現在では、レイアウトだけでなく一つ一つの要素もウィンドウサイズにあわせた可変のサイズ指定が増えています。しかし、ただ可変というだけでは、どんなサイトの設計なのか、コーディング担当者に伝わりません。具体的に、どこからどの部分が可変となるのか、動きを考えた上で的確に指示しましょう 01 。

01 横幅が縮小された際の動きの違い

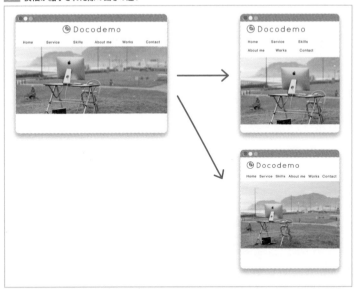

右上：画像の右が切り取られたりメニューがカラム落ちで二段になったもの。
右下：画像全体が縮小されたりメニューの文字サイズや文字間が小さくなったもの。

076

POINT

- ● 可変レイアウトは要素がどう変化するのかわかるようにする
- ● よりわかりやすくするためにウインドウサイズによって画像を入れ替える
- ● ロゴマークなどもレイアウトにより切り替えることがある

スマホなどでの画像の差し替え

　リキッドレイアウトの画像、たとえばキャンペーンバナーのような画像内にテキストが載っているケースでは、スマホで表示した際に、画像が縮小されるために文字が小さくなって読めなくなったり、必要な要素が切れてしまったりすることがあります。

　そのような画像の場合には、ウィンドウサイズによって画像そのものを別画像に差し替えるようにしましょう。

　このように、画像やロゴマークなど重要な要素を表示する際に、ただ縮めるのではなく、横幅により適切な画像に切り替えて表示することをレスポンシブイメージ（レスポンシブ画像）と呼びます 02 。

　Webデザインでは必須の技法となるので、おさえておきましょう。

02 レスポンシブイメージの例

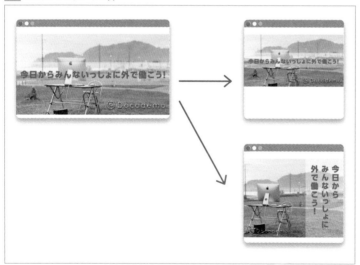

　ただ縮小するだけの画像よりも、画面サイズにあわせたレイアウトに切り替わったほうがわかりやすくなります。

　また画像を差し替える際は、どのサイズで変更するのかを納品時にわかるようにしましょう。

RULE

25

BASIC

Webサイトをデザインする際の 推奨サイズを理解する

モニタは年々高解像度化が進んでいて、単純なサイズで判断するのは難しくなっています。現在の主流がどのサイズなのかをチェックして、最適なサイズを検討しましょう。

PCのモニタはフルHDが主流

一昔前は、スクエア型と呼ばれる4:3のディスプレイが主流でした。今は16:9、または16:10のワイドモニタが主流となっています。中でも1920×1080のフルHD（フルハイビジョン）モニタのシェアが高く、ラップトップPCで多い1366×768（FWXGA）とあわせると、この2サイズで40%近くのシェアを占めます。

実際のWebサイトにおいては1000px前後のものが多くなっていますが、モニタのシェアを考慮しても最大でも1200px程度までとしておけば、ほとんどのモニタに対応できると考えられます 01 。

MEMO
日本では特に1536x864という中途半端な解像度のシェアが高くなっていますが、これはWindowsのディスプレイ設定によるもので、実際にこのサイズのモニタはほとんどありません。また1280×720（HD）も一部利用されていますが、これは一般家庭よりも企業など業務利用と考えられます。

MEMO
参考「statcounter」
https://gs.statcounter.com/

01 世界におけるデスクトップ画面サイズのシェア

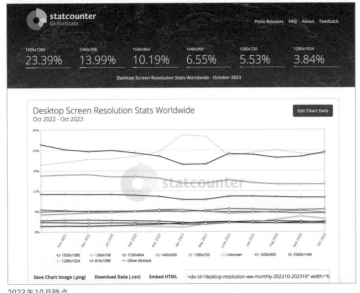

2023年10月時点

POINT

- ● PC用Webデザインは横幅1000ピクセル前後を目安にする
- ● スマホのWebデザインはシェアの高いiPhoneをベースに
- ● 解像度と画面サイズは別の基準なので、混同しないように注意

スマホの画面サイズ

　スマホのサイズは、世界的にはAndroidが70%近くのシェアを持っていますが、日本ではまったく逆で、iPhoneが70%以上と圧倒的なシェアを持っています。つまり、日本のユーザ向けWebサイトであれば基本的にiPhoneを基準と考えておけば、ほぼ問題はないということになります。

　中でも375x667と、390x844の2サイズのシェアが特に多く、これはiPhone SE2やiPhone12～14の利用者が多いことが影響していると考えられます。

　これらから、スマホ用のWebデザインにおいては375px幅を基準としておくのがよいでしょう **02**。

02 日本におけるモバイル画面サイズのシェア

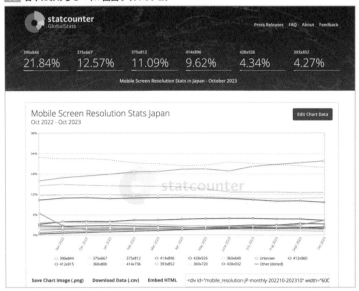

2023年10月時点

MEMO
参考「statcounter」
https://gs.statcounter.com/

CHAPTER

3

Webデザインの基本的なルール

RULE
26

BASIC

PCやスマホの解像度対応を
把握する

近年のPCやスマホは、高解像度化が進んでいます。当然、Webサイトもそれに対応する必要があります。ただし、すべての解像度や画面サイズにあわせてデザインをするのは現実的ではありません。

モニタの解像度問題

かつてWebデザインの解像度は、PCを基準とした72ppiが主流でした。しかしここ10〜15年ほどで登場したスマホやタブレット、そしてPCの一部では、より高解像度の製品が登場してくるようになりました。

そのため、これまでの72ppiよりも1.33〜4倍の解像度が使用されはじめ、デザインの画像や素材もそれにあわせて高解像度のものを用意する必要が生じています。

主にAppleのMacやiPhoneでは、Retinaディプレイは2倍、Super Retinaディスプレイでは3倍の解像度を中心に作られています。一方、Androidについては多様な解像度のデバイスが存在します。

Androidの解像度は多種多様

Androidの解像度は非常に種類が多く、mdpiを1として、tvppi（1.33倍）、hppi（1.5倍）、xhppi（2倍）、xxhppi（3倍）、xxxhppi（4倍）と様々な解像度があります。もしもすべての解像度に対応したいなら、もっとも大きなサイズxxxhppiにあわせて用意する必要があります。しかし、通常の4倍サイズの画像を常に使用すると、読み込み速度や回線の容量消費を考えればユーザの体験としてよいものではありません `01`。

Androidの場合、デバイスによって画面サイズが異なり、iOSのように決まったサイズが指定できません。そのため、Androidアプリの開発現場では「dp（density independent pixels）」という独特な単位を使用します。これは解像度に依存せずにサイズを指定するための単位です。ただ、これによって通常のpxで設計されたものをそのまま書き出して、アプリでは思った通りに表示されないことがあります。Androidアプリ用に素材を書き出す場合は、必要な解像度やサイズを確認してからおこなうようにしましょう。

MEMO
mdpiは160dpiとなります。

POINT

- ● Retinaをはじめとする高解像度モニタには2倍以上で対応
- ● Androidの超高解像度デバイスなどは対応を見送ることが多い
- ● PCは通常サイズでデザインしてもよいがパーツは2倍を用意

01　多種多様な解像度を持つAndroid端末

解像度 **1.33**倍　解像度 **2**倍　解像度 **4**倍

実際の現場ではどうしてる？

　スマホのWebデザインをおこなう場合、Androidの解像度にあわせて、すべての画像サイズを用意するのは現実的ではありません。実際には、国内のシェアを考慮し、iPhone 12〜iPhone 14を中心とした375px幅を基準とし、Retinaディスプレイの2倍解像度（780px）を最低ラインとしてWebデザインおよび画像の書き出しをおこなう場合がほとんどです。

　本来であればiPhone 14などで採用されているSuper Retinaディスプレイを考慮して、解像度は3倍での書き出しが最も有効です。しかし、容量の問題を考えると、見た目が粗くなりにくく、開くのも重くなりにくい、2倍程度に抑えておくのが安心といえます。

　これはPCのWebデザインでも同様で、画像などの素材書き出しはPCであっても2倍程度の解像度を確保しておくと綺麗に表示することができます。

　なお、2倍や3倍で書き出した画像は、「image@2x.png」のように、「@＊x（エックス）」をつけてサイズが予測できるようにしておくとミスが少なくなります。

MEMO▶

1000px以上の幅を持つPC用のバナーで、2倍以上の書き出しをするとかなり容量が大きくなります。容量が大きくなれば、その分読み込み速度が遅くなったり、ユーザの通信量に負担をかけることになるので、書き出しのサイズは必要に応じた最小限にしましょう。

RULE

27

BASIC

レスポンシブウェブデザインを理解する

デバイスと画面サイズの多様化に対応するため、近年ではレスポンシブウェブデザインを中心とした柔軟な設計が増えています。具体的にどのようなものなのかについて簡単に解説します。

レスポンシブウェブデザインってなに？

　次々と新たなデバイス（機器）が増える中で、それらに柔軟に対応するために考えられた手法がレスポンシブウェブデザインです。新しい機器や端末が増えれば、それに応じて画面サイズの種類は増えていきます。しかし、新しいサイズが出るたびにWebサイトを作り直したり、それぞれのサイズ別に制作するには限界があります。

　そこで、すべてのサイズで汎用的なデザインをおこなおう、というのがレスポンシブウェブデザインです。

　レスポンシブウェブデザインと一言でいっても、その中にはリキッドレイアウト、グリッドレイアウト、レスポンシブレイアウトなどいくつかの手法があり、その組み合わせで実現しています。

デザイナーが決めておきたいレイアウトの変化

　こうしたデバイスに応じたレイアウトの変化はCSSによって制御しますが、レイアウトがどのように変化するかでその実装方法も異なってきます。たとえば、右ページにある「グリッドレイアウト」で示した例では、幅の広い状態と狭い状態では見た目のレイアウトに変化はありません。このような場合は、グリッドを横一列に並べ直すデザインに変化させてもよいでしょう。こうした変化をデザイナー側が意識し、明確に指定することが大切です。

POINT

- ● レスポンシブウェブデザインは現在のWebデザインには必須の技術
- ● グリッドやリキッドを組み合わせたレスポンシブレイアウトが主流
- ● 画面やウィンドウのサイズに応じて相対的なサイズ指定で実装

グリッドレイアウト

　グリッドレイアウトはグリッド要素、つまり画面上を縦横のブロックの組み合わせで設計する手法です。ブロックで管理されたレイアウトは情報の整理がしやすく、リキッドとの相性もよいので、組み合わせることで様々な画面サイズに柔軟に対応できるようになります `01` `02` 。

`01` 偶数カラムのグリッド

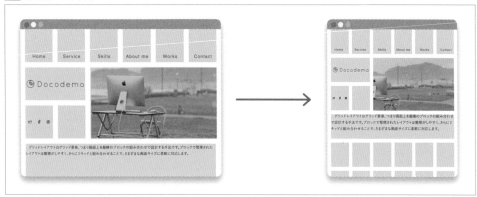

`02` 奇数カラムのグリッド

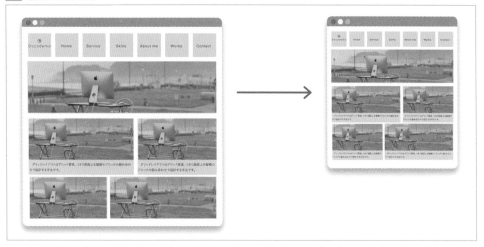

CHAPTER

3

Webデザインの基本的なルール

083

リキッドレイアウト

　リキッドレイアウトは、コンテンツのサイズを画面との比率、％などで指定し表示するレイアウト手法のことです。可変サイズを前提とするレスポンシブウェブデザインにおいては、基本的な考え方になります 03 。

03 リキッドレイアウトの例

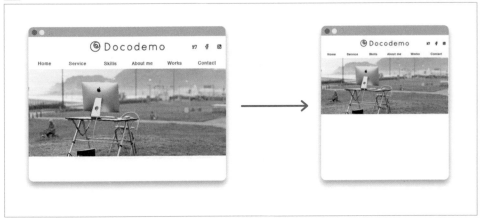

レスポンシブレイアウト

　レスポンシブレイアウトは上記のリキッド、グリッドなどを含めた可変レイアウトの総称として使われます。ブロック要素とリキッド要素を組み合わせて画面サイズごとにレイアウトを変更したり、特定の画面サイズで一部の要素を非表示にしたり、複数の考え方を組み合わせてレイアウトを最適化します 04 。

04 レスポンシブレイアウトの例

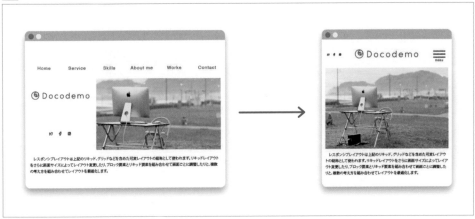

サイズ別にどうやって指定しているの？

　レスポンシブウェブデザインは「リキッド」、つまり可変式にレイアウトを指定するのが主流です。可変式とは、パーセント（%）など相対値で指定した指示をいいます。例えば「画面全体の50%で画像を表示」とすることで、どんな画面でも50%、1000ピクセルの画面であれば500ピクセル、500ピクセル画面であれば250ピクセルという幅の指定をしています 05 。

MEMO ▶
詳しくはRULE.13を参照してください。

05 レスポンシブウェブデザインの指定例

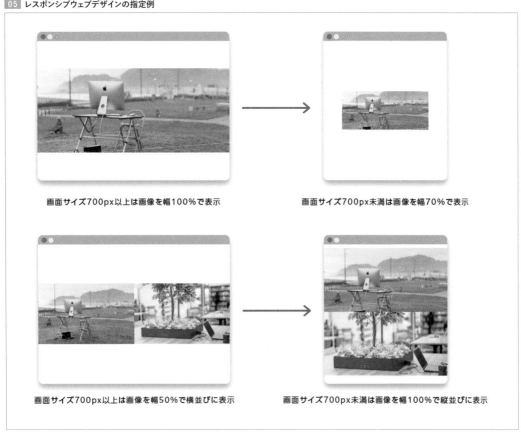

画面サイズ700px以上は画像を幅100%で表示

画面サイズ700px未満は画像を幅70%で表示

画面サイズ700px以上は画像を幅50%で横並びに表示

画面サイズ700px未満は画像を幅100%で縦並びに表示

CHAPTER

3

Webデザインの基本的なルール

RULE

28

BASIC

グリッドシステムを理解する

様々なCSSフレームワークでも利用されているグリッドシステム。この基本を理解して、Webデザイン独自のリキッドレイアウトの指標にすると、デザインイメージの共有がより確実になります。

レスポンシブウェブデザインのグリッドシステム

グリッドシステムとは、1つのページをグリッド、つまり格子状に分割してレイアウトのベースとすることで、一見ランダムな配置も綺麗に整列させるレイアウト手法です 01 。

Webデザインにおいては縦（行）方向のグリッドを設定しない、横（列）方向のみのグリッドで設計したフレームワークが多いのが特徴ですが、近年ではCSSやブラウザのアップデートにより、印刷物と同じような縦横のグリッドを設定した複雑なグリッドレイアウトも使われるようになっています。

01 グリッドシステムの例

多くのフレームワークで採用される縦割りのグリッドシステム

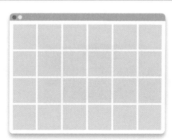

CSSグリッドレイアウトを活用したグリッドシステム

12カラムのグリッド

グリッドレイアウトとして主流となっているのが12カラムのグリッドです。12カラムとは、12個（列）で区切るレイアウトのことです。レスポンシブWebデザインではこのカラム一つ一つを、可変（リキッド）数値の%で指定することで汎用的なレイアウトを実現します。12分割であれば幅は1/12＝8.33333333%となります 02 。

グリッドにpxなど固定の数値を使わずに、%の可変指定を組み合わせることで、多様なデバイスに対応するための、より柔軟なレイアウトを作ることができます。

POINT

- Webデザインのグリッドは12または6カラムが主流
- レイアウトをグリッド管理することでデザインのルール化が容易になる
- コンテンツをカラム管理することでソースコード的にもシンプルになる

02　12分割のグリッドの例

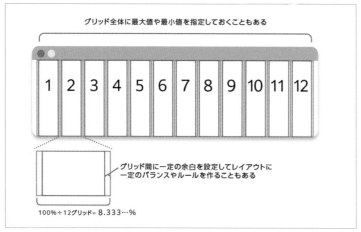

12カラムのグリッドは、画面（ウィンドウ）幅に応じて拡大縮小しますが、それに加えてそれぞれの要素に対して「どの画面サイズの時に何カラムのサイズで配置するのか」を明確にすることで、計画的かつルール化されたレイアウトを実現します。

またそれによりWebサイトを構築するソースコード（HTMLなど）もシンプルになり、管理がしやすくなります 03 。

> **MEMO**
> リキッドレイアウトの最大値や最小値を設定するものをフレキシブルレイアウトとも呼びます。サイズに限界値がある以外は基本的にはリキッドと同じです。

03　12カラムのグリッドでルール化されたレイアウトの実現を目指す

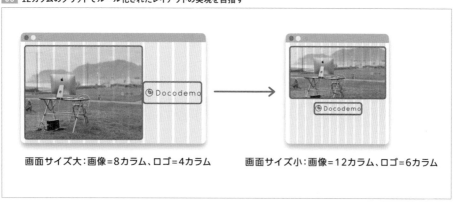

画面サイズ大：画像=8カラム、ロゴ=4カラム　　　画面サイズ小：画像=12カラム、ロゴ=6カラム

RULE
29

BASIC

Webデザインで
明朝体を使用するのはNG?

DTPやグラフィックデザインでは、ゴシック体と明朝体はそれぞれの利点と使い所がはっきりと分かれる書体ですが、Webデザインにおいて書体は環境に依存するため、DTPのように決まったパターンでの利用が難しい場合があります。

Webサイトに明朝体が少ない理由

　印刷物を扱うDTPでは、明朝体は可読性が高く、文章、本文で利用することが多い書体です。逆にゴシック体は視認性は高いものの、文字の小さな本文では可読性が落ちやすく避けられる傾向にあります。しかし、Webサイトの場合はそうではありません。

　Webサイトなど、モニタ上に文字を表示する際には、アンチエイリアスという処理がされます 01 。これはドット表示の角ばった部分を僅かにぼかして背景と馴染ませ、ギザギザとした表示の違和感をなくす処理です。ただしこの処理はデバイス、特に利用するOSやブラウザによって差があります。特にWindowsはアンチエイリアスの処理が弱いため、ゴシック体などは縁がギザギザになりやすく、あまり綺麗な表示がされません 02 。

01 アンチエイリアスあり

ゴシック体：12px
ゴシック体 :30px

明朝体：12px
明朝体 :30px

02 アンチエイリアスなし

ゴシック体：12px
ゴシック体 :30px

明朝体：12px
明朝体 :30px

　たとえばの 02 のように、アンチエイリアスのかかっていない文字は、非常に可読性が低く、読みづらくなってしまいます。特に、明朝体のように線の強弱を用いる書体は、アンチエイリアスが弱いと汚く見えてしまいます。

- Webのアンチエイリアスは**OS**やブラウザで異なる
- 明朝体はアンチエイリアスが弱いと読みづらい
- **Android**には明朝体がないので注意

　しかし、ゴシック体ではどうでしょうか。ゴシック体は一定の太さでデザインされているものが多く、アンチエイリアスが弱い場合でも読みづらさを軽減できます。

　PCであればまだ可読性が落ちる程度ですみますが、スマホではさらに注意が必要です。なぜならAndroidでは明朝体自体がインストールされていないからです。フォントを指定するCSS上にいくら明朝体を表示する記述を入れても、明朝体自体がないので、表示することはできず、代わりにゴシック体で表示されます。

　これらの事情により、Webサイトでは明朝体よりもゴシック体を中心にデザインすることが多くなっています。

明朝体は使えないのか

　実際の現場で明朝体を使うのはNGなのか、という点については、条件次第ということになります。

　Windowsでのアンチエイリアスは、ユーザの設定で調整もできますがデフォルトで綺麗になることは期待できません。それを理解した上で使用しましょう。なお、場合によってはWindowsをメインで使用しているクライアント側から「文字を綺麗にできないか」などの相談はよくあることですので、十分注意しましょう。

　一方、Androidのようにデバイス内に明朝体自体がない場合、絶対に明朝体がNGかというと、そうではありません。Webフォントというフォントデータを別で読み込めば、明朝体のない環境であっても、明朝体を利用することはできます。

　どの利用方法であっても、デザイナーだけで完結することはありません。必ずコーディングの担当者と話し合い、適切な方法を検討するようにしましょう。

Webサイトのフォントは環境で変化する

CSSやJavaScriptなどの発展によりWebサイトの表現の幅が広がるほど、フォントの重要性が高まります。Webサイトにおけるフォントの表示ルールの基本を理解して、意図したフォントをデザインに使えるようになりましょう。

Webに使える書体

Webサイトで使用できるフォントは、基本的には個々のPCやスマホなどの環境に応じて変わります 01。たとえばmacOSにはヒラギノというフォントが最初から入っていますが、Windowsには入っていません。そのため、ヒラギノをフォントとして指定しても、ヒラギノで表示されるのはmacOSで見た場合だけとなります。

MEMO
RULE.078でも紹介しています。

01 Webサイトによく使われるフォント例

OS	よく見る日本語フォント	フォントを確認できるURL
macOS	ヒラギノ角ゴシック、ヒラギノ明朝、游ゴシック、游明朝	https://support.apple.com/ja-jp/103197
Windows	メイリオ、游ゴシック、游明朝	https://learn.microsoft.com/en-us/typography/fonts/windows_11_font_list
iOS	ヒラギノ角ゴシック、ヒラギノ明朝	https://developer.apple.com/fonts/system-fonts/
Android 6.0以降	Noto Sans CJK	なし

游ゴシックや游明朝はMac、Windowsともに入っている唯一の共通フォントですが、厳密にはウェイト（太さ）などが違います。そのため安易に游ゴシックなどを指定すると、Windowsでフォントが反映されなかったり、逆に見えにくい細さになってしまったりと問題が発生しやすくなるので注意しましょう。

Webのフォント指定方法とは

実際にフォントを使用する際は、どのように指定すべきか、その基本的なルールを知っておきましょう。

Webの場合、フォントの指定は優先順位に応じておこないます。たとえば、日本語をヒラギノ角ゴ ProNを指定する場合、前述したように「そのフォントがない環境」のために、「ヒラギノがない場合は游ゴシック」など、

POINT
- ● フォントは環境に依存する
- ● Webのフォント指定は優先順位で指定する
- ● 英数字と和文に別々のフォントを指定することが簡単にできる

次に優先するフォントを記述することになります 02 。

02 CSSに記述した**font-family**の指定をもとに、左から優先的にフォントを適用

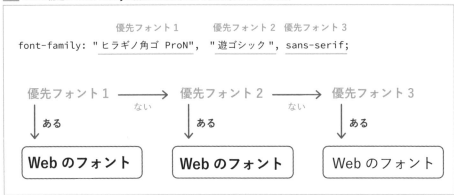

最終的にもし何も指定のフォントがない場合はデバイスの標準フォントなどが表示されます。最低限の指定として「サンセリフ（sans-serif）」など総称フォントを指定しておくと、明朝体などまったく違う書体が表示されるのを避けることができます。

なおWebでのフォント指定は1つではなく、複数を指定するのが一般的です。このフォントの優先順位を上手に使い、英数字はFutura、日本語部分にはヒラギノなど、混合フォントとして使用することもできます 03 。

03 混合フォントの指定例

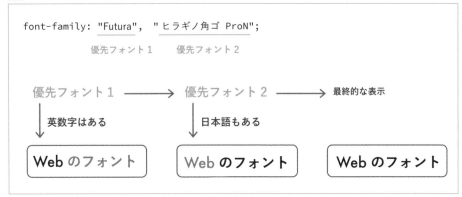

テキストの太字や斜体指定には書式設定を使わない

文字やフォントは、意外と問題になりやすい部分です。フォントの変更以外でも様々な文字加工ができてしまいます。そのまま納品するとトラブルになることもあるので注意しましょう。

Photoshopはとくに注意！フォントの加工処理

IllustratorやPhotoshopなど、デザインツールには様々な機能がありますが、文字加工については注意が必要です。Illustratorはさほどでもありませんが、Photoshopの書式設定には文字加工が多く用意されています 01 。

01 Photoshopの書式設定にある文字加工

文字はフォントを選ぶだけでなく、アプリケーションの書式設定で、太字や斜体、またスモールキャップスなど様々な加工をおこなうこともできます。しかし、これらはアプリケーション上で処理されているものなので、実際のWebデザインには使用できないものも含まれます。

Illustratorの場合は「線」を文字に加えるなどの加工も同類になります 02 。これらはWebデザインのテキスト部分に使用してはいけません。

02 Illustratorの「線」加える加工

POINT

- ● Photoshopの書式設定で「太字」や「斜体」は使用しない
- ● スモールキャップスや打ち消し線などはCSSで指定できる
- ● 太字を指定する場合はフォントウェイトを変更する

文字の書式設定で加工をしてはいけない？

　アプリケーションに依存する文字加工は、Webサイト上で実装することがほとんどできません。

　厳密にいえば、それに近い加工は可能です。たとえば、文字を太くする加工は、実際のWebサイトではフォント指定自体を太字（Bold）など変更するように設定します。相対的に太く見せたり、細く見せたりする指定もあるにはありますが、元のフォントの形にも大きく影響を受けます。基本的に文字を太くしたいときは、太いウェイトのフォントを使うようにしましょう。

　また、斜体加工なども閲覧環境やフォントによっては表示できない場合があるので（Windowsのメイリオなど）、とくに日本語環境においてはあまり使用をおすすめできません。

　どのような加工が実装可能かというと、Small capsや下線、打ち消し線などはCSSでそのまま指定することができます。

　またデザインツールではあまり登場しない上線（text-decoration-line: overline;）という指定もあり、下線とあわせて二重線の実装もできます `03`。

`03` **Webサイトで使用できる文字加工例**

```
font-variant-caps: small-caps;
```

Small Caps ⟶ SMALL CAPS

```
text-decoration-line: underline;
```

下線 ⟶ 下線

```
text-decoration-line: line-through;
```

打ち消し線 ⟶ 打ち消し線

```
text-decoration-line: underline overline;
```

上下線 ⟶ 上下線

RULE 32

BASIC

特定のフォントを使いたいときは
Webフォントを利用する

多様なOSやデバイスが存在している中で、Webサイトを可能な限り統一したデザインにするための手段としてWebフォントがあります。ここでは、Webフォントの特徴について簡単に解説します。

環境に依存しないWebフォント

閲覧デバイスや環境に依存せず、指定したフォントで表示する方法としてWebフォントと呼ばれる技術があります。

Webフォントは、Webサイトのデータなどと同様にネットワーク上にフォントデータを設置し、そこにアクセスすることで様々な環境でも同じフォントが使用できる仕組みです 01 。

01 Webフォントの仕組み

フォントがサーバーにもデバイスにもない

フォントがないので
代替フォントで表示

the WORLD

フォントがサーバーに設置されている

フォントを読み込んで
指定フォントで表示

the WORLD

欧文に比べ和文フォントは文字数が圧倒的に多いため、そのまま使用すると、サイトの閲覧が非常に重くなってしまいます。サイト全体に和文フォントを使う場合は、利用する文字だけを抽出し利用するサブセットという技術で容量減らすことができます 02 。

サブセット化はCSSで一部の文字のみを手作業で指定したり、各フォントサービスの機能で自動的に必要な文字を検出する「ダイナミックサブセット」などで対応できます。また外部サービスやツールでサブセット化することもできますが、フォントセット自体を編集する場合は、改変してもよい

MEMO
RULE.78でも紹介しています。

POINT

- インターネット上にあるWebフォントを使用すると環境に依存しない
- 独自に設置する場合はフォントの著作権（ライセンス）に注意
- 現在はフォントベンダーなどがWebフォントサービスを展開している

かはもちろん、それをオンライン上にアップロードできるかなど、著作権には十分に注意しましょう。

02 必要な文字だけを抽出するサブセット化

abcdefghijklmnopqrstuvwxyz
ABCDEFGHIJKLMNOPQRSTUVWXYZ

the WORLD

全ての文字を読み込むので重くなりやすい

→

abcdefghijklmnopqrstuvwxyz
ABCDEFGHIJKLMNOPQRSTUVWXYZ

the WORLD

必要な文字だけを抽出するので軽くなる

Webフォント提供サービス

現在は、自分でWebフォントデータを準備しなくても、フォントベンダーなどが提供しているサービスも利用できます。代表的ものとして「モリサワTypeSquare」**03**「FONTPLUS」**04**、「Google Fonts」**05** があります。

MEMO
Webフォントはオリジナルのフォントや手持ちのフォントを使用することもできますが、フォントの著作権はそのまま継続するので、独自にWebフォント化する際はライセンスを必ず確認しましょう。

03 モリサワ TypeSquare

https://typesquare.com/ja/

04 FONTPLUS

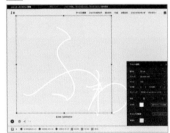

https://fontplus.jp/

05 Google Fonts

https://fonts.google.com/

簡単なアイコンには
Webアイコンフォントが使える

Webフォントの技術を応用したWebアイコンフォントは、サイズや色の自由度が高く高解像度にも簡単に対応できるため、現在のWebデザインでは頻繁に使用されています。

文字だけじゃないアイコンのフォント

　Webではアイコンをフォント化、つまり1つの文字として使う技術があります。これをアイコンフォントといいます。これはIllustratorなどで「でんわ」とタイプして「☎」に変換するのと似ています。Webの場合は、意味のある文字を変換するのではなく、特定の文字列にアイコンを割り当てているだけなので、その文字列を人が読んでも解読はできません。また一般的には既存のWebアイコンフォントサービスを利用することが多いのが特徴です。 01 ～ 05 で、代表的なアイコンフォントサービスを紹介します。

01　Font Awesome

https://fontawesome.com/

02　Google Material Icons

https://fonts.google.com/icons

03　IcoMoon

https://icomoon.io/

04　Foundation Icon Fonts 3

https://zurb.com/playground/
foundation-icon-fonts-3

05　Genericons Neue

https://genericons.com/

POINT

- ● Webアイコンフォントをデザインに取り入れてみよう
- ● Webアイコンフォントを提供するサービスは多種多彩
- ● 解像度を気にしないアイコンフォントは使い回しが便利

Webアイコンフォントの使い方

　基本的な使い方はどのサービスでもほぼ同じです。まずはWebフォントサービスのサイトにアクセスして、フォントや、フォントと一緒になっているWeb用のセットをダウンロードします。

　Webサイト内で使用する場合、使い方は各フォントサービスにより多少の違いはありますが、ほとんどはCSSやHTMLに専用の記述をすることで表示されます。

　なお、記述の内容は各サービスのWebサイトに記載されています。

PCやデザインツールでWebアイコンフォントを使用する

　PC（ローカル）でアイコンフォントを使用する場合は、フォントをダウンロードしたファイルの中に、通常のフォントと同じ「.ttf」や「.otf」といったファイル形式があるので、それらをPCのフォントフォルダへ入れて使用します。ただし、アイコンフォントは通常の文字とは違うので、テキストを打ち込んでもアイコンは表示されません。そこで、サービスの中にあるアイコンのコピー用の記述を利用します。ここでは、Font Awesomeを例に利用方法を解説します。

Font AwesomeをPCで利用する場合

　ダウンロードページからデスクトップ用とWeb用のデータを入手できます。ここではデスクトップ用（Free For Desktop）を入手しておきましょう `06` 。

`06` **Font Awesomeのダウンロードページ**

https://fontawesome.com/download

ダウンロードしたフォルダの中にotfデータがあるので、それをダブルクリックしてPCにインストールします 07 。

Font Awesomeにはチートシートが用意されています 08 。キーワードや特徴で絞り込んで、使いたいアイコンを選択し、このなかのアイコン部分をクリック（クリックで自動コピーされます）して、Illustratorなどに移動し、ペーストしてみましょう。

フォントが「Font Awesome 6 Free」以外のときはエラーマークのようなものが出ますが、文字パネルでフォントを「Font Awesome 6 Free」に変更してあげれば表示されます。

MEMO
チートシートはFont Awesomeサイト内の検索（虫眼鏡）アイコンから検索ページとして開くことができます。
https://fontawesome.com/search

07 otfデータをインストール

08 チートシートで使いたいアイコンをクリック

クリック

Font AwesomeをFigmaで利用する場合

Figmaは元々オンラインツールなので、通常のPCにインストールされているフォントだけではなく、GoogleやFont Awesomeが元々使えるようになっています。

ただし2023年11月時点でFont Awesomeはバージョン5までとなっているので、6を利用したい場合はPCにフォントをインストールし、Figmaのデスクトップアプリで制作するなどの対応が必要となります。

またFigmaはプラグインと呼ばれる追加機能が豊富です。当然アイコンフォントのプラグインもあり、「Iconify」 09 などはFont Awesomeだけでなく Google Material Icons や Bootstrap Icons など様々なアイコンをまとめて利用することもできるので、そちらを使ってみるのもよいでしょう。

09 Iconify

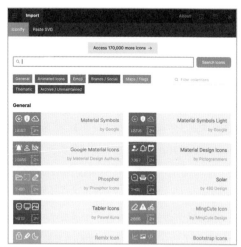

https://www.figma.com/community/plugin/735098390272716381/iconify

Webアイコンフォントのメリット

Webアイコンフォントのメリットは、フォントと同じベクターデータであることです。Illustratorなどと同様なので、拡大・縮小しても画質が落ちることはありません。

またサイズや色の指定なども、通常のフォントと同じようにCSSで記述できるので、ボタンのように同じ形の色違いのアイコンを複数用意する場合でも、一つずつ書き出したりすることもなく、一つのデータの色指定を変えるだけで簡単に使い回しができます 10 。

10 1つのデータで色違いのアイコンを指定可能

Webで使える
最小文字サイズを知っておく

紙であれば小さな文字でも可読性が保たれる可能性は高いです。しかし、Webサイトの場合は10px以下になると可読性がかなり落ちます。小さな文字を利用するときは注意が必要です。

主要ブラウザはフォントを0pxまで指定できる

フォントサイズの指定にはpxだけでなくemや%など、相対的なものも多く存在します。なお、ブラウザでの管理単位にはpxが利用されます。

各ブラウザは独自の設定を持っています。以前は主要ブラウザの中で唯一Chromeだけが10px未満のフォントを表示できない仕様となっており、Webデザインにおけるフォントサイズは10pxまでが基本でした。

なお、2023年10月に正式リリースされたChrome 118のバージョンから、それまで9px以下のフォントを表示できなかったChromeの最小値設定が0までとなりました。そのため、実質的に主要ブラウザから最小フォント制限がなくなりました。

最小フォントサイズは各ブラウザごとに設定ができるようになっており、通常は0pxまで表示されるようになっています。もしもサイズ指定がうまくいかない場合はブラウザごとの設定を見直してみましょう 01 〜 03 。

01 Firefoxの設定

Firefoxでアドレスバー（URL入力）に「about:preferences」を入力

02 Chromeの設定

Chromeでアドレスバー（URL入力）に「chrome://settings/fonts」を入力

POINT

- ● フォントサイズは0pxまで指定が可能になった
- ● 可読性を考慮して最小は10px程度までにする
- ● 9px以下のフォントは読めない可能性を考慮

03 Safariの設定

メニューバーの[Safari]→[設定]から[詳細]を開く

Webデザインにおける最小サイズ

10pxの制限はなくなったので1pxの文字でも使うことはできます。しかし、実際のWebサイトでは使わないほうがよいでしょう。

Webサイトにおける10pxを実際の紙に印刷した文字で考えると、一般的なモニタでの表示サイズでは7〜8pt(2〜3mm)相当の大きさとなります。しかし、モニタの解像度を含めた可読性としては(モニタの解像度や設定により表示サイズは異なりますが)4〜5pt(1mm前後)相当しかありません。

9px以下のフォントサイズを利用するのは、ルビをふる、注釈を入れるなど、限られた状況に制限し、小さくて読めない可能性を考慮しておきましょう。またサイトの設計上問題が出ないか、実際に構築する前にコーディング担当者に相談をしておくことをお勧めします 04 。

04 10px以下の文字は可読性が悪くなる

RULE
35

BASIC

タイポグラフィへのこだわりはどこまでできる？

Webデザインにおけるタイポグラフィは、印刷物におけるそれと比べると制限が多くなります。Webで実装可能な範囲を理解して、適切な処理をしましょう。

Webの技術でできるタイポグラフィ

Webサイトでは、文字のグループ単位でサイズ、整列、文字間や行間を指定するのが一般的で、細かな文字詰めなどはあまりおこなわれません。また長体や平体、回転などをかけた文字も現実的ではありません。そのため、あまりに細かなタイポグラフィは画像以外では実装できないと考えましょう 01 。

01 Webの技術でできるタイポグラフィの例

	指定箇所	CSS 例
行間	Web の技術でできる タイポグラフィ	line-height:
文字間	Web の技術でできる タイポグラフィ	letter-spacing:
文字サイズ	W eb の技術でできる タイポグラフィ	font-size

MEMO
letter-spacingやfont-sizeは指定した要素全体にかかるCSSです。左図のように1文字ずつの変更に使用するには、変更する箇所を別途HTMLで指定してからCSSを指定します。

CSSによる自動カーニング

細かな調整はできないものの、CSSの「font-feature-setting」を利用すれば、(OpenTypeフォントであれば)Webでもプロポーショナルメトリクス、つまり自動カーニングを有効化することができます 02 。

デザインツールで同様の設定をしておきたい場合、Illustrator 03 やPhotoshop 04 はもちろん、Figma 05 でも設定することができます。

MEMO
プロポーショナルメトリクスとは、フォントの情報を参照して、自動で詰めをおこなってくれる設定のことです。

POINT

- 文字の装飾やフォントはこだわるほどコードや容量が肥大化する
- Webサイト上で指定できるのは行間や文字間程度と考えよう
- CSSによるプロポーショナルメトリクスを活用しよう

---

02 CSSで自動カーニングを有効化した場合の表示

【自動カーニング有効】CSSの[font-feature-setting]を利用すれば、OpenTypeフォントならWebでもプロポーショナルメトリクスを有効化できる。

【自動カーニング無効】CSSの[font-feature-setting]を利用すれば、OpenTypeフォントならWebでもプロポーショナルメトリクスを有効化できる。

03 Photoshopのプロポーショナルメトリクスの設定

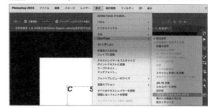

[書式]メニュー→[OpernType]→[プロポーショナルメトリクス]

04 Illustratorのプロポーショナルメトリクスの設定

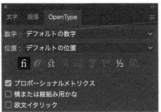

[OpernType]パネルから設定

05 Figmaのプロポーショナルメトリクスの設定

[タイプの設定]→[詳細設定]→[Proportional widths]

文字はどこまで加工すべきか

　よく使われるタイプの加工でも、こだわりすぎると実装が難しくなってきます。1つの加工を増やすだけで、裏のHTMLやCSSは数十文字も記述が増えてしまい、現実的ではありません **06** **07** 。また過剰な装飾は可読性も落ちるので、過度な加工は控えましょう。

06 複数の要素に加工を加えたコードの例

```
<style>
.accent {color: deeppink;font-size: 2rem;}
.typo {color: darkturquoise;font-size: 1.5rem;}
</style>
<p><span class="accent">Web</span>の技術でできる<span class="typo">
タイポグラフィ </span></p>
```

07 上記コードの表示例

> **Web** の技術でできる**タイポグラフィ**

CHAPTER

3

Webデザインの基本的なルール

CSSで表現できる範囲を踏まえてデザインする

近年はブラウザのCSSサポートも広がり、主要ブラウザであればCSSの装飾表現はほぼ問題がないレベルになってきました。ここでは、CSSでできる表現の例について紹介します。

広がり続けるCSSの表現

少し前までは、ブラウザによってCSSで表現できる範囲の差が大きく、デザインの背景やボタンなど、いたるところで画像を書き出して対応していました。しかし近年では、多くのブラウザがCSS3を基準に機能実装しているため、画像を使わず、できる限りCSSなどの劣化せず汎用性の高い表現が使えるようになっています。以下に、CSSで比較的簡単に実装できる表現を紹介しておきます。

> **MEMO**
> ここで紹介したもの以外の表現
> アニメーション：
> animation,transition
> マスク：mask-image,clip-path

角丸

実装方法：border-radius

数値で指定するだけで角丸が可能です。四つの角それぞれを別のサイズの角丸にすることもできます 。

01 角丸の表示例

多角形や簡易図形

実装方法：border-width,clip-path

座標を指定することで円や多角形など、簡単な図形を表現することができます。またボーダー（線）を使った三角形の表現もCSSではよく使われています 。

02 多角形と簡易図形の表現例

フィルター

実装方法：filter

直接画像を処理せずに、CSS上で彩度や明度、階調などの色設定や、ぼかし処理などをおこなうことができます 。

03 フィルターの表現例

POINT

- ● CSSで表現できる範囲を踏まえれば全体の効率が上がる
- ● 角丸、フィルター、シャドウなど、基本的なCSSは理解しておこう
- ● CSSの機能を理解することでデザインの幅も広がる

ブレンドモード

実装方法：mix-blend-mode

　Photoshopなどで使われるブレンド（描画）モードを指定すれば、オーバーレイや乗算などの表現も可能です **04**。

04 ブレンドモードの表現例

透過

実装方法：opacity

　要素やテキストなどを、透過させることができます。ここで指定できるのはあくまで単純な透過のみです **05**。

05 透過の表現例

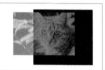

シャドウ

実装方法：box-shadow,text-shadow

　ボックス形状のものや、テキストに影をつけることができます。影のつけ方は色、濃度、x/y軸の距離、ぼかし強度などを設定できます **06**。

06 シャドウの表現例

グラデーション

実装方法：linear-gradient,radial-gradient

　線型グラデーションだけでなく、円形や円錐形のグラデーションも指定ができます。これにより、影をグラデーションにしたり、円グラフなどの表現もCSSで可能になっています **07**。

07 グラデーションの表現例

変形

実装方法：transform

　表示上でX、Yに加え3DのZ軸方向へも角度を変えたり、変形や移動、回転などができます **08**。

08 変形の表現例

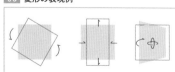

SNSアイコンの
使用方法を知っておく

昨今のWebサイトでは、InstagramやX（旧Twitter）など、SNSのアイコンをWebサイト内に利用するシーンも多くあります。その際、最低限のルールや利用方法を知っておきましょう。

主要なSNSアイコンの素材

　各SNSアイコンは、公式サイトにダウンロードページが用意されているものがほとんどです。

　アイコンはダウンロードリンクとともに利用規約やガイドラインが明記されていますので、必ず内容に目を通しましょう 01 〜 08 。

01 X（旧Twitter）

https://about.twitter.com/en/who-we-are/
brand-toolkit

02 Facebook

https://about.meta.com/ja/brand/resources/
facebook/logo/

03 Instagram

https://about.meta.com/ja/brand/resources/
instagram/instagram-brand/

04 Threads

https://about.meta.com/ja/brand/resources/
instagram/threads/

POINT

- SNSアイコンは公式のサービスページからダウンロードする
- 利用規約やガイドラインは定期的にチェックする
- アイコンの改変や利用方法には注意して法的トラブルを避けるようにする

05 LINE

https://line.me/ja/logo

06 LinkedIn

https://brand.linkedin.com/downloads

07 YouTube

https://www.youtube.com/intl/ALL_jp/
howyoutubeworks/resources/
brand-resources/#logos-icons-and-colors

08 note

https://www.help-note.com/hc/ja/
articles/360000235582

SNSアイコンはどこまで自由に使えるの？

SNSアイコンは、利用方法、利用目的などを含め、禁止項目なども細かく利用規約やガイドラインに明記されています。また提供されているデザインに関しても、色の変更や回転などの加工は本来サービス側からは許可されていません。利用規約やガイドラインなどはたびたび変更がされます。一度確認したからと放置せず、定期的に情報をチェックする必要があります 09 。

09 Instagramアイコンの使用に関するガイドライン

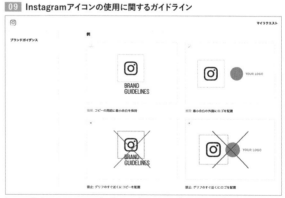

https://about.meta.com/ja/brand/resources/instagram/icons/

RULE

38

BASIC

アクセス解析、title要素、meta要素、alt属性を検討する

原稿や写真などの見た目に直結する要素は、何が不足しているのかが視覚的にわかるので、不足している内容が把握しやすくなります。一方で、見た目そのものには影響が出ない要素は把握しにくいため、常に気を配る必要があります。

デザインに気を取られて後回しになりがちな要素に注意

アクセス解析やタイトルの設定などはデザインの見た目に直結しませんが、サイトの運用やSEOなどには欠かすことができない重要な要素です。サイトがある程度形になってきた段階で、これらのコードや設定を考えておく必要があります。

Google アナリティクス 4などアクセス解析のタグ

Google アナリティクス 4（GA4）など、外部のサービスを使ってアクセス解析をおこなうには、サービス側が提供するトラッキングコードをHTMLに埋め込む必要があります 01。アクセス解析はサイトのリリース後の運用のフェーズとも関連が深く、Googleのアカウントが必要になります。ただ、デザイナー個人がサイトの運用をおこなうのではなく、クライアント側やディレクターが主体となってアカウントを手配してコードを設置するケースが一般的です。

01 Google アナリティクス 4 のタグ（グローバルサイトタグ）

- 誰が入力を担当するのか、ケースバイケースな要素は後回しになりがち
- titleタグとdescriptionは検索結果に直結する。ページごとに書き換えを
- img要素のalt属性には伝わりやすいものを入れる

<head>タグに入る<title>と<meta>

<head></head>タグはサイトの基本設定が入るエリアです。たとえ
ば、ブラウザの上部にあるタブに表示されているタイトルは、<head>タグ
に入る<title>タグの中のテキストに、検索エンジンに表示されているペー
ジタイトルやサイトの内容は<title>タグとmeta description（ディスクリ
プション）に基づいて表示されます。すべてのページに必ずタイトルタグを
入れ、ページの内容にあったタイトルをつけるとともに、descriptionの内
容も検討しましょう。

CHAPTER

3

Webデザインの基本的なルール

COLUMN

複雑化するSEO。基本のマークアップと「サイトマップ」・「構造化データ」

SEO（検索エンジン最適化）対策は今後、AIなどによる要約なども加わり、さらなる複雑化が
予想されます。

デザイナーは、まずはHTMLの中できちんとした情報を記述するための基礎知識が求められ
ます。さらに踏み込んで、SEOを考える場合に覚えておきたいものが、「サイトマップ」や「構
造化データ（構造化マークアップ）」です。

ここでいう「サイトマップ」は検索エンジン向けのXMLファイルによるものです。XMLによる
サイトマップがindex.htmlと同階層にあると、通常よりも素早くGoogle側が情報を取得で
きるので、新しくサイトを作成した際にはsitemap.xmlを用意するのがおすすめです。サイト
マップのXMLファイルは、Web上にあるサービスで手軽に作ることができます。更に、レシピ
サイトや求人サイトといったサイトの場合はJavaScriptベースのJSON-LD表記による「構
造化データ」をHTMLに追加することで、機械（Google側）がページの情報を作り手の意図
に沿って認識・表示してくれるようになります。こちらにも支援ツールがあるので参考にしてみ
るとよいでしょう。

※Google検索セントラル サイトマップについて
https://developers.google.com/search/docs/crawling-indexing/sitemaps/

※構造化データ マークアップ支援ツール
https://www.google.com/webmasters/markup-helper/u/0/

img要素に対するalt属性を考えよう

img要素は画像を表示するために欠かせません。一方、alt属性はつい見落とされがちな項目です。img要素のalt属性がどのような役割を持っているのかを知っておきましょう。

alt属性とは？

写真やイラストなどのimgを挿入するときのalt（オルト）属性は代替テキストともいわれます 02 。

02 **alt属性の記述例**

```
<img src="/img/cat.jpg" alt="altに記載した内容が表示される">
```

alt属性設定すると、何らかの理由で画像を表示できない環境のユーザがサイトへアクセスした際に、画像の代わりにaltに入力したテキストが表示・あるいは読み上げられます 03 。

03 **altが表示される例**

たとえば 04 のようなコードの場合、altの入れ方としてより望ましい例は、どんな画像なのか想像がつく後者です。

04 **altの記述例**

```
<img src="/img/cat.jpg" alt="猫">
<img src="/img/cat.jpg" alt="三毛猫が小さなボールで遊んでいる写真">
```

どのようなテキストを入れたらよいか悩む場合は、電話で画像の内容を相手に伝えるとしたらどのような文章になるのかを想像しながらaltを考えてみましょう。alt属性の整備は、万人に対してアクセスしやすいサイトを用意するために必要な要素です。しかし、その内容を誰が決めるのかが曖昧であることがよくあります。ディレクターが指定する場合もありますが、マークアップ担当者に一任するケースなどもあり、様々です。よりよいサイトを目指すために、だれが担当するのかを事前に決めておくのが理想的です。

注意

高齢者や視覚に障害のあるユーザは、ブラウザの読み上げ機能や専用のスクリーンリーダーなどを使用している場合があります。その際は、alt属性が音声で読み上げられるので、適切に設定しておくとどのような画像を使用しているのか（どんな情報なのか）を伝えやすくなります。アクセシビリティの面でも、alt属性は非常に重要な役割を担います。

CHAPTER 4

LP・バナー・パーツの
デザイン

Webデザインにおいても、PhotoshopやIllustratorはクオリ
ティの高い素材作成や加工を施すツールとして重要な役割を
担っています。ここではそれぞれのデザインツールを使いこなす
ための、Webデザイン向けの設定や便利な機能・使い方をご紹
介します。

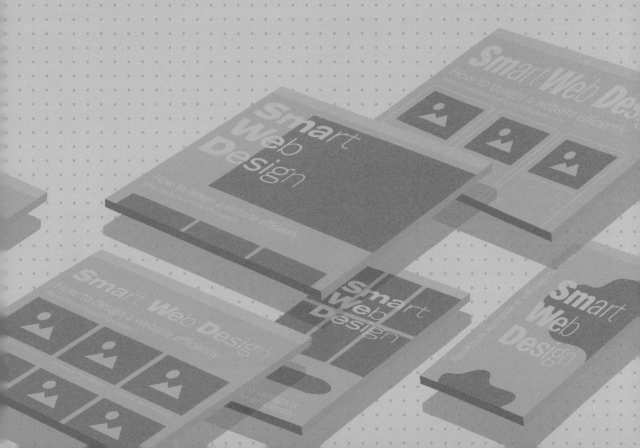

RULE 39

APPLICATION

PhotoshopをWeb向けに
初期設定する

Photoshopは守備範囲が非常に広いアプリです。Webを中心としたデジタルメディアのデザインはもちろん、写真の補正や加工が得意なアプリです。万能選手のPhotoshopだからこそ、最初に「Web用の設定」が必要です。

Webデザインの世界はピクセルが基本

Photoshopではmmやcmなどの単位も扱えます。しかし、Webデザインの基本単位はピクセル（px）なので、まずはここを揃える必要があります。

> **MEMO**
> Windowsの場合は［編集］メニューから環境設定にアクセスします。

Photoshopの単位がpixelになっているかを確認する

Webではピクセルが基本になるので、メニューバーの［Photoshop〔編集〕］メニュー→［環境設定］から、［単位・定規］を選択し、［定規］と［文字］の単位が「pixel」になっているかを確認します 01 。

01 「環境設定」で単位をピクセルにする

「画像解像度」の設定

グラフィックデザインで使用したデータをWebデザインに流用する場合はリサイズが必須ですが、この際に単位に注意する必要があります。［イメージ］メニュー→［画像解像度］を開いて単位がmmやcmになっている場合、単位のプルダウンを選択してpixelに変換してから素材のサイズを修正します。pixelがグレーアウトして選択できない場合は、［再サンプル］のチェックを入れてもう一度単位のプルダウンを選択します 02 。

02 「画像解像度」ウィンドウで単位を変更

POINT

- Photoshopはいろいろできる。まずはWebデザイン用に最適化を
- 環境設定で単位をピクセル（pixel）に統一する
- グリッドを使用する場合は目盛りの単位もピクセルに揃える

「定規」の設定

　[定規]が表示されている場合は、定規の目盛り上で右クリックして単位を確認・選択して目盛りの単位を[pixel]にして作業を進めます 03 。

03 ［定規］の単位を変更する

「グリッド」を活用する

　WebデザインをPhotoshopで制作する場合、コーディングを伴うWebサイトや、ある程度ルールが決まっているバナーやサムネイルを制作する場合が多いでしょう。そのような場合に 「グリッド」を使うと、素早く正確にオブジェクトを配置できるので便利です。

グリッドを使用すると効率よく正確に配置できる

　[表示]メニュー→[グリッド]を選択すると、細い格子状のグリッドのラインを表示できます。このグリッドを活用すれば、ガイドを多用しなくてもキリのよい数値でのWebデザインができます。グリッドは [⌘〔Ctrl]]＋[@]で表示/非表示を切り替えられるので、ガイドと併用するのがおすすめです 04 。

04 ［グリッド］が表示された状態

グリッドの単位をpixelにする

　このグリッドの単位を設定するには、[環境設定]→[ガイド・グリッド・スライス]を選択し、[グリッド]項目の単位を[pixel]に設定します。[グリット線]と[分割数]に同じ数値を入力すると、1pxのグリッド線が入ります 05 。

05 ［ガイド・グリッド・スライス］で単位を変更

IllustratorをWeb向けに
初期設定する

印刷物で使われることが多いIllustrator。そのため、初期設定がちゃんとできていないとWebではトラブルが発生しやすくなります。最低限の設定はかならずチェックしましょう。

IllustratorでWebデザインをする際の設定

Illustratorはその名の通りイラストを描いたり、レイアウトにも強いアプリですが、近年ではWebでもSVGというベクターデータを使う機会が増えているため、IllustratorでWebデザインの一部や素材作成をする機会も増えています。

ふだんはIllustratorを印刷物に使っているデザイナーも多いと思いますが、印刷用の設定のままではなく、WebにはWebの設定が必要なのでしっかりチェックしておきましょう。

Illustratorの[ファイル]メニュー→[新規]から、新規ドキュメント作成パネルを開き、プリセットを[Web]に設定します。この設定を選ぶと一般的なWeb設定にしてくれます 01 。

01 プリセットを[Web]に設定

単位の設定をピクセルに指定する

Illustratorの初期設定はメニューバーの[Illustrator〔編集〕]メニュー→[環境設定]から、単位を設定することができます。ここではすべてをピクセルにしておきましょう 02 。

MEMO
Windowsの場合は[編集]メニューから環境設定にアクセスします。

POINT

- ● Webの単位はすべてピクセルが基本
- ● Photoshopと同様、IllustratorもWeb用に設定する
- ● グリッドやピクセルのスナップ機能はオブジェクト変形時に注意

02 単位をピクセルに変更

また、同じく［環境設定］メニューの中の［一般］項目の［キー入力］**03**
や、［ガイド・グリッド］などの項目 **04** も設定を確認しておきましょう。ここ
が整数になっていないと、作業時のミスにつながります。

03 ［一般］項目の［キー入力］

04 ［ガイド・グリッド］

［表示］メニューの各［スナップ］を活用する

　［表示］メニューの［グリッドにスナップ］［ピクセルにスナップ］は、きっ
ちりとピクセルにあわせるという点で、レイアウト作業をする際には向い
ています。

CHAPTER

4

LP・バナー・パーツのデザイン

MEMO ▶
数値が整数になっておらず、小数点
が発生する場合、書き出した画像に
RULE.42やRULE.66の「線 の に じ
み」現象が起きる可能性があります。

用語
スナップ
「吸着」のこと。スナップが有効に
なっていると、オブジェクトをドラッ
グ操作するときに特定の箇所へ吸
い付くように移動できる。

注意
アイコンやロゴなど素材作成の際はス
ナップ機能が逆に邪魔をしてしまいま
す。場合によってはロゴなどのデータ
を変形させてしまう原因にもなります
ので、不要であればチェックを外して
おきましょう。

RULE
41

APPLICATION

サイズがあわない「線」の設定に注意

同じ数値のシェイプやパスでも線の設定次第でサイズが変わります。バナーなど画像で書き出すものは要注意です。線の設定を理解して、意図したサイズのシェイプを作成しましょう。

パスやシェイプの数値と書き出しサイズが微妙に異なる原因

Photoshopのシェイプやillustratorのパスを使ってデザインをする際の注意点についてもおさえておきましょう。たとえば、1辺が100ピクセルの正方形のシェイプ（パス）を作成したときは、本来は100ピクセルのpngやjpgで書き出されるべきです。ところが、完成したオブジェクトのサイズを測ると数ピクセルずれてしまっているケースがあります 01 。ここで着目したい点は赤い線の設定です。

01 同じ100ピクセルのシェイプでサイズがずれて書き出されるケース

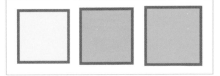

「線の整列タイプ」「線の位置」に注意しよう

大きさの違いが生じる原因は「線の整列タイプ（Photoshop）」や「線の位置（Illustrator）」によるものです。なおこの二つは意味はほとんど同じ線の設定です。線の設定には、「内側」と「中央」と「外側」の3つがあり、通常は「内側」の設定になっています。この設定を知らないと、シェイプ（パス）に対しての線の位置が変わってしまい、意図しないサイズのオブジェクトになってしまいます。「中央」や「外側」を使用した際には、意図せずにほかのシェイプ（パス）でも使用していないかに気を配りましょう。そしてサイズがおかしいと思ったら、[線の整列タイプ]と[線の位置]の設定を確認してみましょう。 02 はIllustratorのアピアランスで[線の位置]を確認しています。ほかにも線の設定パネルやプロパティパネルなどで確認ができます。Photoshopの[線の整列タイプ]の場合はプロパティパネルの線の設定の[アピアランス]の項目から確認できます 03 。

MEMO
このような線の設定は、バナーのデザインなどでよく使用します。

POINT

- シェイプの数値と実際のオブジェクトのサイズが違う場合がある
- 線を設定している場合は［線の整列タイプ］や［線の位置］を確認
- 形状次第で線の角や端の設定もサイズに影響するので注意

02 ［線の位置］の違い

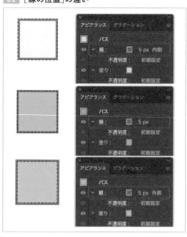

03 ［線の整列タイプ］の設定

MEMO ▷
左画像にある、四角形の黒い破線は
パスの位置を表しています。

「線の整列タイプ」「線の位置」だけではなく、角丸 **04** や線端の形状 **05** なども書き出しに影響を与えるので、想定外の書き出し結果になった際は各設定を確認してみましょう。

04 角丸で書き出しに影響が出るケース

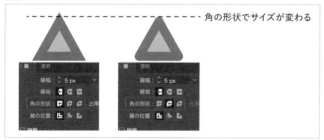

角の形状でサイズが変わる

05 線端の形状で書き出しに影響が出るケース

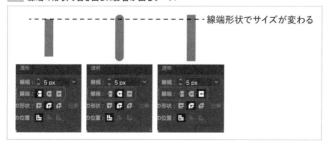

線端形状でサイズが変わる

CHAPTER
4
LP・バナー・パーツのデザイン

117

RULE 42

APPLICATION

オブジェクトがボケる理由を把握する

よく見ると線やマスクの境界線がボケている。そんなバナーを見ることはありませんか？ 細かな部分がボケてしまう原因のほとんどは小数点によるものです。原因と対策を理解して対処しましょう（RULE.66でも紹介しています）。

ボケる原因はピクセルの小数点

ボケる理由はいくつかありますが、最も多いのは小数点によるボケです。 01 ではX（横軸）の位置に0.5pxの少数点が発生して、ボケの原因となっています。本来、PhotoshopCCなど最新のツールで作成していれば、このようなピクセルの小数点は通常発生しません。ところが、過去のpsdデータからシェイプを流用したり、シェイプの変形といった作業を重ねていくうちに、いつの間にかこのような不自然な数値になることがよくあります。

01 小数点以下の数値があるとボケる

Photoshopの［エッジを整列］は常にチェック

Photoshopには、シェイプ系ツールのツールオプションバーに［エッジを整列］というチェック項目があります 02 。これにチェックを入れておけば、ボケを常に防いでくれます。

02 ［エッジを整列］をチェック

Illustratorでは［ピクセルにスナップ］を利用しよう

Illustratorで書き出した際にマスクやパスがボケているようであれば、まずは［表示］メニュー→［ピクセルプレビュー］で確認してみましょう。ピクセルプレビューの時点でボケているようであれば、まずそのまま書き出してもうまくいきません。［表示］メニュー→［ピクセルにスナップ］などでピッタリと揃えるようにしてみましょう。

> **注意**
>
> 最新のバージョンではこの［エッジを整列］にはデフォルトでチェックが入っていますが、古いPhotoshopなどではこの設定がなかったり、［ピクセルにスナップ］など別の名目になっていたりします。バナー制作の際の元データが古いバージョンで制作されている場合などは、この設定に注意しましょう。

POINT

- ● ボケの原因は小数点。過去データからの流用には注意
- ● ［エッジを整列］と［ピクセルにスナップ］でボケを防止
- ● Illustratorのオープンパスはやり方次第でピクセルにあわせられる

アートボードの設定は整数でおこなう

　一見して大丈夫そうでも「書き出したらボケる」場合があります。この原因で多いものが「アートボード」の設定ミスです。たとえば、アートボードの数値、特に「X」、「Y」の数値のいずれかに小数点が入っていると、ピクセルがずれた状態で書き出されます。アートボードの設定は、必ず整数でおこなうようにしましょう。

Illustratorのオープンパスをピクセルにあわせる方法

　Illustratorでは1pxの線がボケてしまうことがありますが、これも線の設定で対応しましょう。オープンパスの場合、1ピクセルの線が実際の表示では上下に0.5ピクセルずつなので、ピクセルで表示処理されるモニタ上では2pxのボケた線として見えています。このようなオープンパスでは、「線の位置」を設定できません。そこで、「線幅ツール」を活用しましょう。1ピクセルの線を書き、ツールパネルから「線幅ツール」を選択してアンカーポイントをダブルクリックすると、ダイアログが表示されます 03 。初期設定では、側辺1と側辺2がそれぞれ0.5になっているはずなので、どちらかを1ピクセル、残りを0ピクセル、全体の幅を1ピクセルと設定します。この設定をアンカーポイントすべてに適用すれば、片側に1ピクセル幅をもつ線になります 04 。

> 用語
> **オープンパス**
> 始点と終点がある閉じられていないパスのこと。円や四角形などのパスはクローズパスという。

03 **アンカーポイントをダブルクリックしてダイアログを表示**

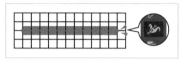

04 **ボケない1pxの線が完成**

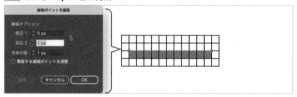

RULE 43

APPLICATION

Photoshopのスマートオブジェクトで修正に強いデータを作る

> Webデザインは作成と修正の繰り返しです。ただ、画像やイラストの拡大と縮小を「ラスターイメージ」で繰り返してしまうと、色情報が破壊されてしまいます。しかし、非破壊編集である「スマートオブジェクト」なら画質は低下しません。

デザイン制作は「非破壊編集」が前提に

非破壊編集とは、元の画像データには直接手を加えずに調整をおこなうことができる機能です。Photoshopにおける画像加工のジャンルにおいては「調整レイヤー」や「レイヤーマスク」「シェイプ」なども非破壊編集に該当します。特に、本節で取り上げる「スマートオブジェクト」は、レイアウトの作業で必須の機能です。

「スマートオブジェクト」レイヤーとは

Photoshopですでに開いているデザインファイル内で［ファイル］→［リンクを配置］／［埋め込みを配置］を選択して別の画像を配置し、レイヤーパネルを確認すると、レイヤー名の横のサムネイル部分にアイコンの表示を確認できます。これが「スマートオブジェクトレイヤー」です 01 。

MEMO
配置した画像をスマートオブジェクトレイヤーにしない場合は、[Photoshop〔編集〕]メニュー→［環境設定］→［一般］→［配置時にスマートオブジェクトを常に作成]のチェックを外します。

01 スマートオブジェクトレイヤーの表示

120

POINT

- 繰り返しを前提とした「非破壊編集」を使おう
- 「非破壊編集」の代表「スマートオブジェクト」を知る
- スマートオブジェクトの設定や解除の方法を覚えておく

　スマートオブジェクト化されていない元データは「ラスターイメージ」と呼ばれます。ラスターイメージの場合は直接編集ができるので、画像のゴミを消したり適切なサイズにサイズを変更したりなどの作業はラスターイメージの段階でおこないます。修正が必要な写真素材をデザインで使用する場合は、はじめにある程度のレベルまでラスターイメージとして編集してから、スマートオブジェクトへ変換するのがおすすめです。

　ラスターイメージからスマートオブジェクトに変換するには、該当するレイヤーを選択してからレイヤーのパネルメニューアイコンを選択して［スマートオブジェクトに変換］ 02 を選択します。

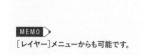

MEMO

［レイヤー］メニューからも可能です。

02 「スマートオブジェクトに変換」

逆にスマートオブジェクトからラスターイメージに変換する場合はレイヤーを右クリックして表示されるメニューから［レイヤーをラスタライズ］を選択します。

一度スマートオブジェクト化したレイヤーは、レイヤーパネルのレイヤーサムネールをダブルクリックすると、元のイメージを別のデータとして編集できます。元のデータをpsbファイル（ビッグドキュメント形式）として保存し細かく補正しながら、バナーやレイアウトをしている方のpsdデータで大胆な変形ができます。

03 「**レイヤーをラスタライズ**」

フィルターのやり直し＆数値管理も簡単なスマートフィルター

Photoshopの各種フィルターの履歴や数値を保持できる「スマートフィルター」も、「スマートオブジェクト」の便利な機能です。

「スマートオブジェクト」にフィルターをかけると、フィルターの履歴がレイヤーパネルに記録されます。これを「スマートフィルター」と呼びます。

ぼかしやシャープをはじめとしたフィルターをラスターイメージに使用したあとで、作業をやりなおしたり調整するのは困難ですが、スマートフィルターを使えば簡単です。

スマートフィルターはレイヤーパネルをダブルクリックすれば再編集が可能で、数値の調整だけでなく、フィルター同士の順序を入れ替えること

もできます。フィルターの組み合わせによっては、適用の順序をドラッグ操作で入れ替えると異なる描画結果が得られます 04 05 。

04 ぼかしの後にモザイク

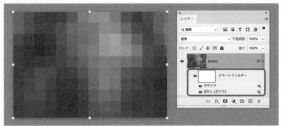

05 モザイクの後にぼかし

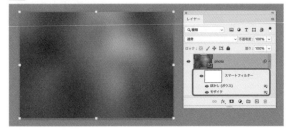

　上記 04 05 にあるレイヤーパネルの白いサムネイル部分は「レイヤーマスク」と呼ばれる機能です。このレイヤーマスクに対して、ブラシツールで黒く色を塗ったり白黒のグラデーションをかけることでフィルターに対してマスクをかけると、マスクの効果と元写真とを自然に合成できます 06 。

06 スマートフィルターのレイヤーマスクに白黒のグラデーションを適用

COLUMN

スマートオブジェクトの入れ子状態に注意

スマートオブジェクトの中にはスマートオブジェクトレイヤーを含めることができるので、理論上はマトリョーシカのようなスマートオブジェクトも作成可能です。ところがこうした階層の深いデータでは修正点が1度ではわからず、開いて修正点を洗い出すのは大変な手間です。画像レタッチ（修正）の済んだ「決定稿」のデザインは適度にレイヤーを統合するなどの工夫も重要です。レイヤーの統合についてはRULE.53でも触れています。

RULE

44

APPLICATION

バナーやサムネイル制作には 「アートボード」を活用する

> バナーやサムネイル画像を大量に作る際に、一つ一つファイルを作成したり修正したりするのはひと苦労です。そこで、Photoshopの「アートボード」や「スマートオブジェクト」を活用しましょう。

数が増えればミスが多くなりがちなバナー広告用のクリエイティブ

Google ディスプレイ ネットワーク (GDN)やYahoo!ディスプレイ広告 (YDA)などへの出稿のために、同一のクリエイティブに対して複数の画像サイズが必要なケースがあります。また、ブログやSNSなどに使用するサムネイルの制作などの場合は同一サイズの多くの画像が必要になる場合もあります。こういった画像をPhotoshopで制作する際は「アートボード」を使うと便利です。

用語
Google ディスプレイ ネットワーク (GDN)
Google 広告を掲載するWebサイトや動画、アプリの総称。

用語
Yahoo!ディスプレイ広告 (YDA)
Yahoo!広告を掲載するWebサイトや動画、アプリの総称。

アートボードを作ってスマートオブジェクトをコピー&移動しよう

Photoshopは単独のカンバスのほかに、複数のカンバス状の「アートボード」を持った状態で使用することが可能です。このアートボードを使う場合は、すでに作成されたカンバスで任意のレイヤーを選択して右クリックし、「レイヤーからのアートボード」を選択するか、新規ドキュメントを作成するときに「アートボード」のチェック欄にチェックを入れましょう。

新規ドキュメントで「アートボード」を作成する

新規ドキュメントを作成するときに「Web」を選択します。右の「プリセットの詳細」欄の [アートボード]のチェックボックスにチェックが入った状態であることを確認し、バナーのサイズを入力し[OK]でファイルを作成します 01 。

素材は「スマートオブジェクト」で配置する

サイズの調整ができたら、デザインを作成します。アートボードのうち、ひとつをクリックして、通常のバナー作成と同じように作業を進めます。こ

POINT

- 同じクリエイティブで複数のバナーを作るのは時間がかかる
- 「アートボードツール」を活用して素早く作成＆修正
- スマートオブジェクトと併用すれば一括修正も簡単

のとき、ロゴマークやタイトル、写真などの素材はあらかじめ色の補正やゴミ取りなどの編集を済ませて「スマートオブジェクト」で配置します。

　大まかに素材の配置やレイアウトができたら、レイヤーパネル上でアートボード名を選択し、[⌘〔Ctrl〕]＋[J]キーでアートボードごと複製します 02 。

MEMO

Illustratorでベクターデータをコピーして、Photoshopでペーストするときに「スマートオブジェクト」を選択して貼り付けると、レイヤーをダブルクリックしてIllustratorで編集できる「ベクトルスマートオブジェクト」になります。

01 アートボードの作成

02 アートボードの複製

CHAPTER

4

LP・バナー・パーツのデザイン

125

「アートボード」を複製・リサイズする

[アートボードツール]を選択してアートボード名をクリックするとアートボードを選択できます。この状態で、上部の「オプション」や「属性」パネルからアートボードの幅と高さを入力してサイズを調整します 03 。最後にレイヤーパネルや各アートボードの左上に表示されているテキストをダブルクリックして、アートボード名を変更します。これを繰り返してバナーを複製します。その後、それぞれのバナーの作り込みを細かくおこなっていきます。

MEMO ▶
このアートボード名がファイル名になるので、半角英数を使って、使用する媒体名やサイズがわかる名前にしておくとよいでしょう。

03 サイズの調整

[書き出し形式]や[クイック書き出し]で書き出す

最後に[ファイル]メニュー→[書き出し]→[書き出し形式]を選択して書き出して完成です 04 。[書き出し形式]ウインドウは、ファイル容量などを細かくコントロールできるので、ファイル容量に制限のあるバナー制作に向いています。ほかにも、レイヤーパネルのアートボードを選択し、右クリックして[クイック書き出し]でも書き出せます。

04 画像の書き出し

修正を前提としたデータを作る

　バナー広告の場合「ロゴを変えてほしい」「写真を修正してほしい」「テキストが申請に通らなかったので修正したい」など、修正要件はサイズを問わず同一クリエイティブで共通する傾向にあります。

「複製したスマートオブジェクト」で修正を一括変更

　そこで最初にひとつだけバナーを作って、その素材をスマートオブジェクト化して複製して、どれかひとつを修正すれば自動ですべてのオブジェクトが自動で差し替わるようにファイルを作っておきましょう **05** **06** 。また、アートボードによってひとつの画面（ファイル）で管理ができるので、毎回ファイルを閉じたり開いたりする必要もなく、修正漏れも減らせます。

MEMO

文字レイヤーなどを差し替えたい場合は、レイヤーパネルの上部の検索欄（虫眼鏡のアイコン）からレイヤー名を検索するとアートボードを横断した検索が実行され、該当レイヤーが表示されるのでスピーディーな選択や修正が可能です。

注意

同じ素材を増やすには、[⌘〔Ctrl〕]+[J]レイヤーの複製と、[⌘〔Ctrl〕]+[C]&[V]によるコピー＆ペーストがあります。ただし、コピー＆ペーストではスマートオブジェクトの一括変更が効かないので注意しましょう。

05 修正前。左のアートボードの写真レイヤーを開いて色調補正する

06 修正後

CHAPTER

4

LP・バナー・パーツのデザイン

RULE 45

APPLICATION

Photoshopで図形を描くなら「シェイプ」を基本に

Photoshopで図形を描くときの選択肢は主にブラシツールなどを使う「ピクセル」か、図形ツールを使う「シェイプ」があります。「シェイプ」は、輪郭を数値として保有しているので、色や大きさの調整や数値が正確に取得でき、再編集が簡単です。

形を描くなら「シェイプ」を使う

　Webデザインでは、表示されている画像をそのまま画像として書き出すだけではなく、コーディングによってCSSで同じ見た目を再現するケースもあります。こうした再現性を考える上では、色やサイズを簡単に数値で取得できる機能を使いましょう。Photoshopでシンプルな形を描く場合は数値を取得・編集できる「シェイプ」を使います。

シェイプの基本

　シェイプは特定ツールの名前ではなく、「長方形ツール」「楕円形ツール」などの図形系ツールや「ペンツール」による描画方法のひとつです 01 。これらのツールを選択すると、上部のオプションで[ピクセル／シェイプ／パス]の3つのうち、ひとつを選択できます 02 。このうち「シェイプ」による描画は「プロパティパネル」上で数値ベースで大きさや角丸の数値を調整できたり、後から色や線、塗りの設定ができます 03 。

01 図形系のツール

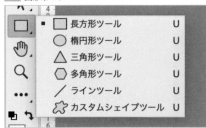

02 オプションバーの表記

POINT

- ●「数値で測れて再編集が簡単か」を基準に手段を選ぶ
- ● 塗りや線は「シェイプ」でOK。スウォッチとの併用がおすすめ
- ● マスクは「フレームツール」かシェイプを使った「クリッピングマスク」

03 プロパティパネルの数値

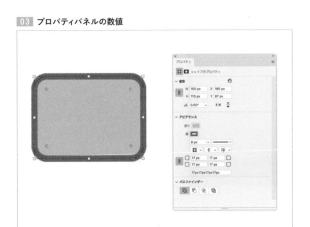

写真のマスクも数値管理できる方法で

写真やイラストを四角形の角版や円状で使用するときに、画像の不要な部分をトリミングしてしまうとサイズやレイアウトなどの変更に対応できません。そこで「マスク」機能を利用します。Photoshopによるマスクには複数の方法がありますが、シェイプと同様に数値管理ができて再編集可能な方法を選びましょう。

シェイプによる「クリッピングマスク」

長方形ツールや楕円形ツールでシェイプを描画し、その上に、写真やイラストのレイヤーを配置します。あとはレイヤーパネルを右クリックして「クリッピングマスクを作成」を選択するか、クリッピングマスクをかけたい写真のレイヤーとシェイプのレイヤーの間で［option〔Alt〕］キーを押しながらクリックして「クリッピングマスク」を作成します **04** **05**。

> **MEMO**
> マスクの種類には、ここで紹介するクリッピングマスク以外に「レイヤーマスク」「ベクトルマスク」があります。また、選択範囲を作成する方法のひとつに「クイックマスク」があります。

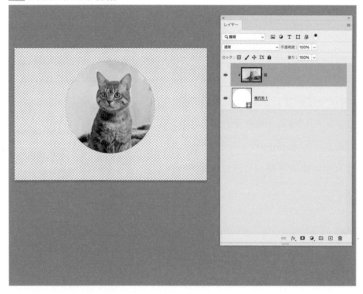

MEMO
クリッピングマスクは2枚のレイヤーで1つの画像を表現するテクニックです。そのため、レイヤー同士がズレたりしないようにレイヤー同士をリンク関係にしておくとよいでしょう。
レイヤーのリンクは、レイヤー同士を選択して右クリックで[レイヤーをリンク]を選択します。

　シェイプが元になっているため、サイズの調整や数値の調査が簡単なのがクリッピングマスクの長所です。たとえばあらかじめシェイプでワイヤーフレーム状の四角形を描画しておいてから写真を配置して「クリッピングマスク」を使用すれば、やり直しが簡単でサイズも正確な画像を簡単に作れます。また、「ペンツール」で描いたシェイプをクリッピングマスクすると、写真を活用した大胆なレイアウトも可能です 06 。

06 大胆なマスクの例

「フレームツール」を使った手軽なマスク

　クリッピングマスクは自由度が高く長所も多い反面、レイヤーが2枚に分かれているため管理が難しくなります。一方、「フレームツール」は、写真のレイヤーを選択してドラッグするだけで簡単にマスクを作成できます 07 。

07 フレームツールでのマスク

MEMO
フレームツールで作成できるマスクは
長方形と楕円形の2種類のみです。

角丸には半径が数値でわかる機能を利用する

数値管理ができるPhotoshopの「ライブシェイプ」はWebデザイン向きの機能です。Illustratorにも同様に「ライブコーナー」という機能があり、両者はほぼ同じ性質があります。ライブシェイプ・ライブコーナーを基本に作業していきましょう。

コーディングを前提に角丸のデザインを考える

たとえば「CTAボタンはきちんとコーディングしたい」というケースを考えてみましょう。ボタンのコーディングに必要なのは、デザインの各要素の数値です。特に角丸が使われている場合は、その数値が変わると印象も変わってしまうので、同じ数値を使った再現が求められます。

Photoshopのライブシェイプ

長方形ツールや三角形ツールなどのツールでシェイプの図形を作ると「ライブシェイプ」になります。ライブシェイプのレイヤーを選択すると、図形の内側に丸状のアイコンが表示されます。このアイコンを内側へドラッグすると角を丸めることができます。このような角の丸みは、上部のオプションやプロパティパネルで数値によって管理できるため、値の統一や確認に便利です `01`。

`01` **Photoshopのライブシェイプ**

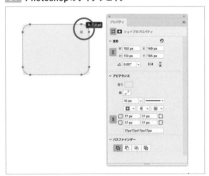

Illustratorのライブコーナー

Illustratorも同様に、二重丸のアイコン（ライブコーナーウィジェット）が表示されるオブジェクトは再編集や「変形」パネルなどからの数値での確認・修正ができます `02`。Illustratorの場合は、ペンツールなどで描いた

用語
CTAボタン
受け手がアクションを起こすCTA（Call To Action）のためのボタン。たとえば「資料請求」「申し込み」「購入」などのボタンを指す。RULE.11でも紹介。

MEMO
一部の角のみを丸くしたい場合は、シェイプのオブジェクトを選択した状態で「プロパティパネル」に表示されている鎖のアイコンをクリックしてリンクを解除した後に数値を入力するか、カンバス上でライブシェイプのアイコンをダブルクリックすると、その1点だけを変更できます。

注意
自由に描いた図形や後から図形のパスの一部を修正する場合は、ライブシェイプにはならない（解除されてしまう）ので注意しましょう。

MEMO
ライブコーナーウィジェットが表示されない場合は、「ダイレクト選択」ツールでオブジェクトをクリックして選択してみましょう。

POINT

- ● ライブシェイプとライブコーナーはコーディング時の再現性が高くなる
- ● パスの一部を操作するとライブシェイプやライブコーナーが解除される
- ●IllustratorやPhotoshop上からCSSも取得可能

図形やアウトライン化したフォントなどの角がある部分にもライブコーナーウィジェットが表示されるので、ドラッグ操作で角を丸めて柔らかい表現に変化させることが可能です。

MEMO

一部のみを変更したい場合はPhotoshopと同様に、「変形」パネルを参照するか、ダブルクリックで変更します。

02 Illustratorのライブコーナー

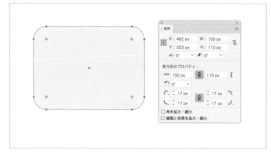

IllustratorやPhotoshopでCSSを取得する

Photoshopの場合は、レイヤーを選択してレイヤーパネルのパネルメニューから「CSSをコピー」を選択すると、そのオブジェクトのCSSを取得できます。角丸の半径がすべて同じ数値の場合はborder-radiusが含まれます。

Illustratorの場合はレイヤーの中のオブジェクトに半角英数で名前をつけ、「CSSプロパティ」パネルを表示するとCSSを表示できます。こちらも同じように、角丸の半径が同じ場合はborder-radiusが含まれます **03**。

03 Illustratorの「CSSプロパティ」パネル

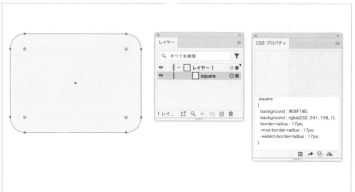

欧文フォントと和文フォントを合成フォントで組み合わせる

Web独特のフォントの指定方法に対応するため、Illustratorの合成フォントを活用してみましょう。一度作成した合成フォントは保存しておけるので再利用もできます。

合成フォントってなに？

Illustratorの合成フォント機能は、Webデザインで役立つ機能です。通常、Webサイトではフォントの指定を 01 のようにCSSで記述します。これらを通常のフォントのまま、Illustratorで指定する場合は、単語ごとに文字ツールで範囲選択して指定しなければなりません。01 の場合、Helveticaを最優先で使用し、半角英数字以外の日本語はヒラギノ角ゴを使用、という優先順位の指定を意味します。

MEMO
フォントの指定はRULE.30、RULE.78でも紹介しています。

01 フォントの指定例

```
font-family: "Helvetica", "ヒラギノ角ゴ ProN";
```

Illustratorの場合、同じテキストエリアや文章中であっても、手動で一部の範囲を選択してフォントを変えれば、Webの設定と同じ表示ができます 02。しかしこの指定方法の場合、タイトルなど文字数の少ないものであれば対応できますが、長文では単語をひとつひとつ指定しなければなりません。そこで、合成フォントという機能を使って、自動的に半角英数字や和文のフォント指定をしたオリジナルの組み合わせフォントを作成します。

02 Illustratorで単語ごとにフォントを変更

font-family: "Helvetica", " ヒラギノ角ゴ ProN";

文字　段落　OpenType

Helvetica

Regular

iT 12 px　tA (21 pt)
IT 100%　T 100%
VA 0　VA 0

グリフにスナップ

POINT

- ● Webはフォントの指定に優先順位が存在する
- ● Illustratorは合成フォントで独自のフォントセットが作成できる
- ● 合成フォントを使った場合は必ず明記する

　Illustrator で［書式］→［合成フォント］を選択して合成フォントのダイアログを開き、［新規］で新しいフォントのセットを作成します。漢字、かななどの全角文字や、英数字などの半角文字に、それぞれ割り当てたいフォントを指定したあと、［OK］を押してパネルを閉じます 03 。

03 ［合成フォント］の表示

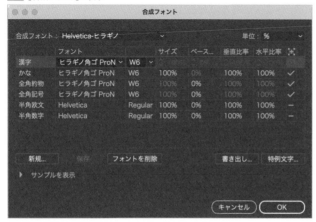

　文字パネルを開くと、一番上に作成したフォントセットの名前で表示されるようになります。このフォントセットを指定すれば、文字グループ全体が合成フォントで自動的に処理されるようになります 04 。

04 文字パネルに表示された合成フォント

Helvetica と
ヒラギノ角ゴの合成

MEMO
合成フォントは、データを受け取った側がデータを開いても警告が出ません。フォントセットの名前のみが文字ツール上に表示されるので、合成フォントを使用した場合は、構築する側にもフォントについて必ず伝えるようにしましょう。

スマートオブジェクトとシンボルで素材を使い回す

Webデザインでは同じ性質の要素が繰り返し出てきます。同じ情報が同じ見た目になっていると閲覧者にとってもわかりやすく、HTMLやCSSのコードが煩雑になるのを防げます。

同じ役割のものは同一の見た目にする

UIデザインでは、「パーツ同士の微妙な違い」に大きなメリットはありません。むしろ、閲覧者が「このわずかな違いに何か意味はあるのだろうか?」と頭を悩ませるデメリットの方が大きいです。そこで、「意図しない微妙な違い」を防ぐPhotoshopとIllustratorの「素材の使い回し」機能を紹介します。FigmaやAdobeXDではアプリ上でより細かい設定ができます。デザインに変化を加えるのであれば、説明できる明確な意図をもって、ハッキリとした違いを出しましょう。

MEMO
Figmaでの操作についてはRULE.60で紹介しています。

わずかでも違うと実装側のコードも煩雑になる

ほんのわずかでも位置(余白)や大きさ、色が違うと、別々のコードを書く必要性があります。デザイナーが不用意にレイヤーやオブジェクトをコピー&ペーストしてオブジェクトを増やしてしまうと、このようなデータになりやすく、コーディングにも余計な工数がかかります。そこで、デザインアプリを問わず、同じ性質のものは完全に同一の素材を使うことが重要になります。

Photoshopで使える「素材の使い回し」機能

グラフィック要素の多いLP(ランディングページ)など、Photoshopで作るデザインデータで活用できる機能を紹介します。

リンクボタンをスマートオブジェクトに変換して複製

元のデータをシェイプなどで作成して、スマートオブジェクトに変換した上で複製によってレイヤーを増やします。スマートオブジェクトを一つダブルクリックして編集すると、すべての複製データに対して編集結果を反映できるので、意図しない「わずかな違い」を防ぎます 01 。

POINT

- 何度も同じ要素が出てくるのがWebデザインの特徴
- 単純なコピー＆ペーストではなく、崩れない工夫を
- Photoshopはスマートオブジェクト、Illustratorはシンボルを活用

01 スマートオブジェクトを複製した例

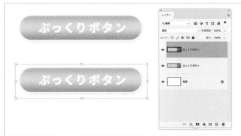

ヘッダーなどはpsdファイルを「リンクを配置」で管理

　先に紹介したスマートオブジェクトによるオブジェクト管理は、カンバス上にオブジェクト（スマートオブジェクトのpsdファイル）をリンク配置していると考えるとよいでしょう。これと同じ考え方で、あらかじめ複雑なパーツをpsdやpsbファイルで作っておきます **02** 。

02 ヘッダー用のpsbファイル

　これを[ファイル]メニュー→[リンクを配置]で配置します。すると、元のpsdファイルを編集しないとデザインを修正できなくなるので、意図しない編集などのミスを防げます **03** 。

03 リンクの配置を使用したレイヤー

注意

ここはコピー＆ペーストではなく[⌘（Ctrl]＋[J]でレイヤーを増やします。

用語

psbファイル

Photoshopのビッグドキュメント形式の拡張子名。psdよりも大きな容量を保存できる（RULE.51の表にも記載しています）。

Photoshopではレイヤーの数が多くなりがちなので、別々のパーツに
わけておくとレイヤー数の見た目を減らしてわかりやすいデータになりま
す。また、複数のページで同じpsdファイルをリンク配置で使用して共通
フォーマット化するという利用方法もあります 04 。ただし、リンク元のデー
タを削除・移動してしまうとリンク切れになってしまう点には注意が必要で
す。

04 複数ファイルに共通のファイルをリンクする

MEMO
Figmaなどが主流の現在のフロー
では、このような複数ページにわたる
データは少なくなってきていますが、過
去のデータを改変する場合のレイヤー
構造の読み解き方として参考にしてく
ださい。

たとえば、あらかじめ横幅が決まっているヘッダーなどは、先にリンク用
のpsdファイルを準備しやすい傾向にあります。一方、周りの要素を見な
がらデザインを決めていくボタンなどは後からスマートオブジェクトに変
換するのが自然な流れです。

Illustratorで使えるシンボル機能

アイコンやイラスト、地図制作などで活躍するような、Illustratorの機能
に「シンボル」があります。同じアイコンやデザインの素材はシンボルとし
て登録しておくと、一括での再編集に便利です。

シンボルを登録する

オブジェクトをシンボルに登録するには次の手順でおこないます 05 。

❶ [ウィンドウ]パネル→[シンボル]でシンボルパネルを表示（初期設定
として入っているシンボルは削除してもOK）。
❷ オブジェクトを選択し、シンボルパネルにドラッグ。
❸ [書き出しタイプ]はそのまま。[シンボルの種類]をどちらかに設定

ダイナミックシンボルはダイレクト選択ツールで個別に編集を加えることができるので、ロールオーバーなどの状態の変化を表す場合に役立ちます。シンボルに登録（変換）されたオブジェクトを選択すると、中央に十字のアイコンが表示されます **06**。これをシンボルインスタンスといいます。

05 シンボルパネルとシンボルオプション

06 シンボルインスタンス

シンボルを使用する

シンボルパネルからシンボルをアートボードに直接ドラッグ＆ドロップするか、シンボルパネル下部の［シンボルインスタンスを配置］アイコンをクリックしてシンボルインスタンスを配置します **07**。

07 シンボルインスタンスを配置

シンボルを編集する

配置したシンボルに修正が発生した場合は、配置したシンボルか、シンボルパネル上のシンボルをダブルクリックします。画面が編集モードに移行するので、編集を完了させてなにもないところをダブルクリックするか、［esc］キーで編集モードを抜けます。すると、すべてのインスタンスに変更が反映されます **08**。

08 1つを編集すると（左）すべてのインスタンスに変更が反映（右）

CHAPTER

4

LP・バナー・パーツのデザイン

RULE
49

APPLICATION

色はスウォッチで管理する

コード化を前提にしているデータや、会社のブランドアイデンティティに関わるデザインの場合、色の管理はとても重要です。IllustratorとPhotoshopの「スウォッチ」を活用していきましょう。

デザインのベースカラーを決めておく

Webデザインでは、あらかじめ決めておいたキーカラーやテーマカラーなどの色を基にしたデザインが展開されます。決められた色だけを使うと見た目以外の利点もあります。たとえばCSSを拡張したSassでは色を変数としてセットできます 01 。決められた色だけで作られたデータはこうした記法とも相性がよく、管理や変更がしやすいコードが実現できます。

01 **Sass(SCSS)で色を変数として書くコードの例**

```
$main-color: #9d6655;

main {
    color: $main-color;
}

header{
    color: $main-color;
}
```

SCSSでは、この変数（$main-color)のカラーコードを変更すれば一括で色が変更できるほか、変数のカラーコードをベースに色の濃度を変更することもできます。

こうした効率化を前提に色を管理する場合、PhotoshopやIllustratorの「スウォッチ」パネルで色を管理するのがおすすめです。いずれも、[ウィンドウ]メニュー→[スウォッチ]を選択してスウォッチパネルを開きます。

Photoshopの「スウォッチ」パネル

Photoshopのスウォッチパネルは、フォルダ状にグループ分けがされており、グループ名のテーマに沿った色がセットされています 02 。

用語
Sass
CSSを拡張したメタ言語。メタ言語でCSSを書くことでコードが短く、見やすくなる。SASS記法とSCSS記法がある。

MEMO
Photoshopのスウォッチにはグローバルスウォッチの機能がないので、SCSSやIllustratorのグローバルスウォッチのような一括変更や濃度などの管理はできません。

POINT

- 決められた色以外は使わないようにする
- スウォッチで色を管理する
- Illustratorのスウォッチは高機能。アイコンの意味を覚えておく

スウォッチへ新しい色を登録する手順は以下の通りです。

❶ ツールバーの描画色／背景色をダブルクリックしてカラーパレットを表示。色を作成した後に［スウォッチに追加］を選択（または、シェイプなどを選択してスウォッチパネルの［＋］アイコン→［新規スウォッチプリセットを作成］をクリック）

❷ 塗りや線が設定されているシェイプオブジェクトを選択してスウォッチのアイコンをクリックすると、そのカラーがオブジェクトへ適用される

❸ 登録されたスウォッチのアイコンをダブルクリックするとスウォッチ名を変更できる

　スウォッチパネルはグループ分けが可能です。また、スウォッチ名での検索もできます。スウォッチパネルは元のデータを閉じてもスウォッチのデータは保持されるので、複数のプロジェクトのカラーテーマを取り扱うのに便利です。

　一方、グラデーションやパターンなどはIllustratorと異なり、それぞれのパネルで登録をおこないます。

02 **Photoshopのスウォッチパネル**

CHAPTER

4

LP・バナー・パーツのデザイン

新しくなったPhotoshopのグラデーション補間

Photoshop CC 2022以降「グラデーション」の色の混ざり方（補間方法）のバリエーションが増えました。以前は彩度の高い色同士を選んだ場合に中間が濁ったような色合いになってしまう場合がありました。新しいグラデーション（知覚補間／リニア補間）を使うと、彩度を損なわずに鮮やかに感じられます。特にRGBのカラーモードでは重宝する機能なので、無意識に使っている方や古いデータを流用してデータを作っている方は、ツールパネルから「グラデーション」ツールを選択し、上部のオプションのプルダウンを確認してみましょう **01** 。

01 **グラデーションのオプション**

Illustratorの「スウォッチ」パネル

Illustratorのスウォッチパネルはグラデーションやパターンを含め、数種類のスウォッチが登録できます。スウォッチを登録する際に［グローバル］にチェックを入れると「グローバルスウォッチ」が登録できます 03 。グローバルスウォッチを登録した場合、スウォッチのアイコンの右下に白い三角形の印がつきます。

MEMO
［グローバル］にチェックを入れると、色を編集した際に、そのスウォッチを使用しているすべてのオブジェクトに編集後の色が反映されます。

MEMO
グローバルスウォッチの一種には「特色スウォッチ」というスウォッチも存在しますが、特色インキ向けの機能なのでWebでは使用しません。
特色スウォッチの場合はグローバルスウォッチのアイコンの左下の白三角の中に黒丸がつきます。

03 「グローバル」にチェックを入れる

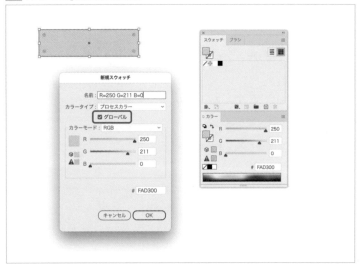

また、登録した色を100%として濃度を設定できます 04 。さらに、元のスウォッチの色を編集して、すでにスウォッチが適用されているオブジェクトの色を変更することもできます 05 。

04 濃度の変更

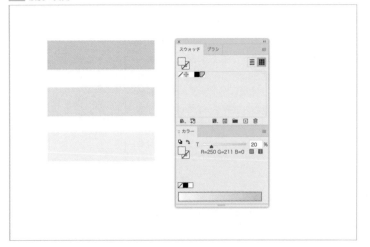

05 色の変更

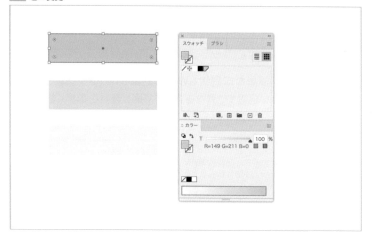

　これらの挙動は冒頭で紹介したSassでのコードの書き方（考え方）と共通する面があり、両者が効率的な機能であることがうかがえます。同様の機能はFigmaにもあるので（RULE.59）、両者の効率的な活用が望まれます。

　IllustratorのスウォッチはPhotoshopとは異なり、aiファイルに紐づいていて、新しいaiファイルを作成・開くとスウォッチも変更されます。

COLUMN

簡単な色の管理なら「ライブラリ」も便利

次の（RULE.50）で紹介する「ライブラリ」には色を登録できる機能があるので、これを利用して色を登録してもよいでしょう。ライブラリを使用すると、同一のユーザがアプリを横断して、カラーを含む同じ素材（アセット）を使えるようになります。ただし、グラデーションやパターンなどはスウォッチと同じように使い回せる形で登録できません **01**。

01 ライブラリパネル

RULE
50

APPLICATION

素材の共有に便利な「ライブラリ」機能を活用する

たとえばひとりのデザイナーが、簡単な印刷物もWebも動画も作るシチュエーションは案外多いものです。そのような現場で、異なるアプリで同じ素材を素早く扱えると便利です。

アプリ間を横断する素材は「ライブラリ」に登録しよう

Adobeアプリの [ウィンドウ]メニュー→[CC ライブラリ]を表示すると、共通で「CC ライブラリ」パネルが開きます。この「CC ライブラリ」は、AdobeIDによって紐付けられたクラウド上の素材データ（アセット）を呼び出して、異なるアプリ間での素材のやり取りを簡単にできる機能です。

「CC ライブラリ」を作成する・登録する

ライブラリの作成と登録は以下の手順でおこないます。

❶ [ウィンドウ]→[CC ライブラリ]でライブラリパネルを開き、はじめに表示されている [＋新規ライブラリを作成]ボタン（またはパネルの右上のパネルメニュー→[新規ライブラリを作成]）からライブラリを作成してライブラリの名前を入力 01 。

01 ライブラリパネル

❷ オブジェクトかレイヤーを選択した状態でライブラリパネルの [＋]マークをクリックしてアセットをライブラリに登録 02 。

MEMO
After Effectsなどのアプリによっては「ライブラリ」と表記される場合もあります。

MEMO
スウォッチパネルの中などで、アプリ側が用意している色やパターンのセットのことも「ライブラリ」と呼びます。両者は別の機能です。

POINT

- ライブラリを使うと素材（アセット）の共有ができる
- 異なるアプリ同士での素材の共有が簡単にできる
- ライブラリファイルを書き出すか「招待」して別のスタッフとも共有できる

02　アセットの登録

　なお、登録できるライブラリの種類はアプリとオブジェクトによって異なります。たとえばPhotoshopの場合、シェイプのデータはグラフィックとして登録されます。一方、Illustratorの場合は色の登録なのかグラフィックの登録なのかを選択できます。ほかにも、アプリによっては音声や動画、テキストデータなどを登録できます。

「ライブラリ」を異なるアプリで開く

　Illustratorで作成・登録したライブラリをPhotoshopで開くことができます 03 。開いたライブラリからアセットをカンバス上にドラッグ＆ドロップするとオブジェクトを利用できます。ライブラリパネルをダブルクリックするとオブジェクトを作成したアプリで再編集できます。

03　Illustratorでのライブラリパネル

Creative Cloudのアプリで「ライブラリ」を編集する

　ライブラリに登録された素材やライブラリ自体の削除は、各アプリのライブラリパネルからの操作に加え、Creative Cloudのデスクトップアプリからの操作も可能です。デスクトップアプリを立ち上げて左側のメニューの[ファイル]→[自分のライブラリ]を選択すると、作成済みのライブラリを一覧できます 04 。ここからデータの登録も可能です。バナーなどのpsdデータをアセットとして登録したい場合は、デスクトップアプリでライブラリを選択してドラッグ&ドロップで登録するのが便利です。

04 **Creative Cloudのデスクトップアプリ**

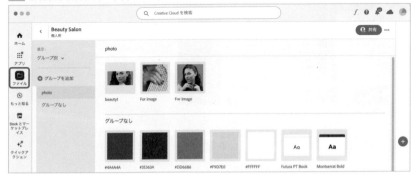

ライブラリの活用方法

　ライブラリはスウォッチと似た機能ですが、ロゴや写真などのグラフィックの素材を登録して使える点が便利です。たとえばライブラリに企業ロゴやSNSなどの汎用性の高いアイコン、メインカラーといった共通の素材を登録しておくとよいでしょう。

別のユーザと「ライブラリ」を共有する

　ライブラリは一人のユーザが別々のアプリを横断して素材を共有できるほかに、異なるユーザ間でのライブラリの共有も可能です。共有には2種類の方法があります。

ライブラリファイルをインポート&エクスポート

　作成したライブラリはパネルの右上のパネルメニュー→[ライブラリの書き出し]でファイルとして書き出した上で、同様に[ライブラリの読み込み]でインポートできます。書き出しに使われた元のライブラリが変更・削除されても影響が出ないのが特徴です。

「ライブラリに招待」で共有する

　「CC ライブラリ」パネルの右上に表示されている人物のピクトアイコンを
クリックして「ライブラリに招待」を選択します。メールアドレスを入力する
と別のユーザとライブラリを共有できます。この機能を使うと、共有されて
いるライブラリに変更が加わると招待先のユーザのライブラリにも同様の
変更が加わるので、たとえばチーム間でアセットの情報をリアルタイムで
アップデートしていきたい場合などに便利です 05 。

05 「ライブラリに招待」

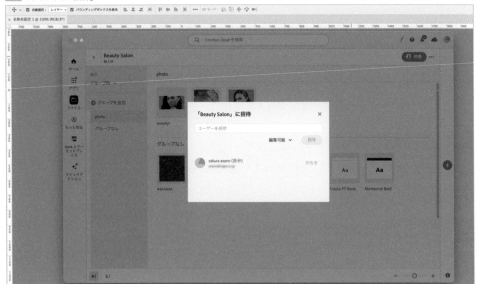

COLUMN

モバイルアプリ「Adobe Capture」で素材収集＆編集を手軽におこなう

モバイルのカメラを使って様々な素材を収集できるアプリ
が「Adobe Capture」 01 です（無料）。このアプリを使
うと、カメラで撮影した色や形、音声などの情報をデスク
トップアプリに取り込んで編集できます。取り込んで保存
する際に選択するのがここまで解説してきた「ライブラリ」
になります。たとえば手描きの文字をベクター化して指定
のライブラリに保存し、デスクトップのIllustratorで開い
て編集するといった手順で、ベクターの手書き文字のデー
タを簡単に用意できます。

01 Adobe Capture

https://www.adobe.
com/jp/products/
capture.html

RULE
51

APPLICATION

クラウドドキュメントを活用して
チーム作業を円滑に

クラウドでのデータ管理は馴染み深いものになってきました。Photoshopのpsdや
Illustratorのaiといったデザインのファイルも、Adobe独自のクラウド形式に変換
することで使える機能が拡張されます。

クラウドドキュメントの基本

クラウドサービスを利用するとデータの共有を簡単におこなえます。Adobe製品でもクラウドを用いたデータ保存を推奨しており、PhotoshopやIllustratorでは、独自の拡張子を持つ「クラウドドキュメント」で保存できます。このクラウドドキュメントだけで使える機能もあります。

PhotoshopとIllustratorのデータ形式

IllustratorやPhotoshopでデータを作って［保存］もしくは［別名で保存］するとき表示されるウィンドウの［クラウドドキュメントに保存］ボタンを押すと、クラウドドキュメントで保存されます。ファイルの拡張子は次の通りです 01 。

01 アプリと拡張子

アプリ	ローカル保存	クラウドドキュメント
Photoshop	.psd .psb .psdt ※1	.psdc
Illustrator	.ai .ait ※2	.aic

※1 .psdt：Photoshopのテンプレートファイル。上書き保存すると別のpsdファイルとして保存される。
※2 .ait：Illustratorのテンプレートファイル。上書き保存すると別のaiファイルとして保存される。

COLUMN

FigmaやAdobe XDのファイルは？

Adobe XDや、CHAPTER5で紹介するFigmaのファイルはクラウド形式の保存が基本になるので、初期の段階では目に見えるファイルや拡張子はありません。ローカル保存で保存したいファイルに対して［ファイル］メニュー→［名前をつけて保存］（Figma）、［ファイル］メニュー→［ローカルドキュメントとして保存］（Adobe XD）を選択します。

POINT

- クラウドドキュメントの形式と編集方法を知る
- 共有することで複数のスタッフが異なる環境で同じデータを編集できる
- バージョン履歴、コメントなどのコミュニケーションができる

クラウドドキュメントだけで使える機能

　PhotoshopやIllustratorでは、データをクラウドドキュメントで保存すると使える機能がいくつかあります。データを共有して別のスタッフ同士や環境で作業したり、バージョン履歴を残せたりします。これはPhotoshopとIllustrator共通の機能です。

共同編集とコメント

　クラウドドキュメント形式で保存したファイルを開き、アプリ右上の共有ボタンをクリックすると、メールアドレスを使って別のユーザをドキュメントに招待できます 02 。招待されたユーザはクラウドドキュメントを編集することが可能です。ただし同時に編集することはできない点には注意です（2023年11月現在）。

02 「ドキュメントを共有」

　こうした複数人でのデザインの修正が発生した場合、修正点について直接コメントを残しておけると進行がスムーズです。[ウィンドウ]メニュー→[コメント]パネルを表示すると、ドキュメントの関係者がクラウドドキュメントに対してコメントを入力できます 03 。このコメントは後述する別の環境でも確認が可能です。

03 「コメント」パネル

03 「コメント」パネル

バージョン管理

　プロジェクトの進行状況によっては、修正が済んだデータを修正前の状態に巻き戻したいときがあります。ローカル保存のデータの場合は、「2023_12_31_最終」などの日付を入れて別名で保存しておくことがよくありますが、クラウドドキュメントの場合は［ウィンドウ］メニュー→［バージョン履歴］パネルから、過去のバージョンにさかのぼることできます 04 。通常は自動的に履歴が作られ、30日間保持されます。デザインを提出したタイミングなど特定の段階の履歴を保存しておきたい場合は、しおりのアイコンをクリックすると、任意のタイミングでそのバージョンの履歴が保存できます。このユーザが保存した履歴は30日を超えても消えずに残ります。

04 「バージョン履歴」パネル

iPadやWebブラウザでPhotoshopやIllustratorを開く

　PhotoshopやIllustratorにはiPad版があります。これらアプリのファイルはクラウドドキュメントで管理されています。たとえばデスクトップ版で作成したデザインをクラウドドキュメントで保存して、別の場所からiPadで開いてデザインの確認をおこない、気になった修正箇所をApple Pencilで手描きで書き入れる（レイヤーを設定してPhotoshopの鉛筆ツールを使うなど）、といったワークフローも可能です。なお、PhotoshopにはWebブラウザ版があります 05 。Photoshopがインストールされていない環境であっても、URLを元にファイルにアクセスして、デザインやコメントなどを確認することが可能です。

MEMO ▶
Webブラウザ版Photoshopはクラウドドキュメントに限らず、ローカルのpsdを開くことが可能です。コメントなどのクラウドドキュメントの機能も利用できます。

MEMO ▶
Google DriveやDropBoxなどと同じようなファイル管理の仕組みとしてAdobeが提供する「Creative Cloudファイル」という機能があります。この機能は2024年2月での廃止を予定しています。Creative Cloud ファイルは本節で紹介するクラウド形式での保存や、RULE.50のCC ライブラリとは別の仕組みになります。

05 **Webブラウザ版Photoshop**

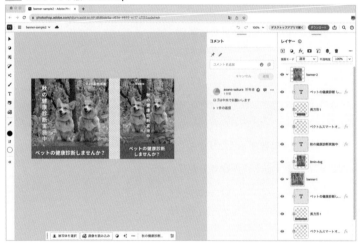

　動画系のアプリであるPremiere ProやAfter Effectsには「チームプロジェクト」という機能があります。クラウドを使って共有してチームで連携した作業をおこなう機能という点では共通です。

　すべてのAdobe系のアプリに「クラウドドキュメント」と同一の仕組みがあるわけではありません。しかし、これらクラウド機能とクリエイティブの関係を見ていくと、Webデザインに限らず、現代のクリエイティブは「場所を選ばないチームプレー」であることが感じ取れます。

RULE

52

APPLICATION

レイヤーパネルをわかりやすく整理する

どのようなレイヤー整理がよいかは、作成するデザインやプロジェクトによって正解が異なります。ただ、「伝わるレイヤー構造であるか」を常に意識すれば、よいレイヤー構造にできるはずです。

他人に伝わるレイヤー構造を目指す

サイトの公開後にデザインデータの修正が必要となった場合、データが見つかってもレイヤーが煩雑だと簡単な更新にも時間がかかります。また、クライアントや別のスタッフに元データを渡して作業を引き継いでもらうこともあります。このような場合にレイヤー構造がキレイだと相手から喜ばれます。

> **注意**
> たとえ自分自身が作ったデータであっても、どんなデータの作り方だったかはすぐに忘れてしまうものです。

Photoshopのレイヤー管理のポイント

Photoshopを使用していると、ついついレイヤーの数が多くなりがちです。一方で、Photoshopにはレイヤーを整理・検索するための機能も豊富です。こうした機能を積極的に活用していきましょう。

きちんとレイヤーの名前をつける

レイヤーの名前は、「アセット（生成）」（RULE.56）を使うのであれば必ず設定します。また、右クリックしてレイヤーを書き出す「クイック書き出し」も、レイヤーの名称がファイル名になります。画像の書き出し対象になるレイヤーには、実際の画像ファイル名に相当する半角英数字名を使いましょう。

> **MEMO**
> レイヤーパネル右上にあるパネルメニューから[パネルオプション]を選択し、[コピーしたレイヤーとグループに「コピー」を追加]のチェックを外すと「長方形のコピー84」など、コピーがついた名前の羅列を防ぐことができます。

レイヤーグループやリンク、カラーによるラベル付け

レイヤーを整理するときには、レイヤー同士をまとめておく「グループ」や「リンク」機能を使います 01 。また、レイヤーパネルでレイヤーを右クリックすると、レイヤーにカラーをつけることができます。たとえばheaderに関する要素を同色にまとめておけば、検索条件にカラーを指定し、header要素のみのレイヤーだけを抽出できます。

> **MEMO**
> レイヤー名が日本語や全角英数の場合、実装するときに半角英数にリネームする必要があり、二度手間になってしまいます。

> **MEMO**
> レイヤーパネルはpsdデータを最後に保存したときの状態で開かれます。開きっぱなしで保存すると、再度開いたときに見づらくなります。レイヤーグループは閉じて保存する習慣をつけましょう。

POINT

- 人に渡すことや半年〜数年後に編集することを前提にする
- 不要な非表示レイヤーやオブジェクトは削除する
- レガシーなワークフローでは、レイヤーの構造が重要

01 グループとリンク（フォルダがグループ、鎖アイコンがリンク）

CHAPTER 4 LP・バナー・パーツのデザイン

Illustratorのレイヤー管理のポイント

Illustratorは任意のタイミングでレイヤーを作成するためレイヤーの数も少なくすることができます。そのため、Photoshopと比べると一見レイヤーの管理は簡単なように思われますが、要素ごとにまとめるのか、ページごとにまとめるのかなど、分け方が難しくもあります。

サブレイヤーを知っておく

Illustratorでは、特にレイヤー分けをおこなわない場合、同一レイヤー上にオブジェクトが作成されていきます。しかし実際は、Photoshopと同様に、オブジェクトを作成するごとに「サブレイヤー」が作成されています。[>]アイコンをクリックするとサブレイヤーを展開できます **02** 。

02 サブレイヤー

見落としがちなポイント

サブレイヤーを見ていくと、不必要にロックされていたり、非表示になっている不要なオブジェクトを確認することがあります。また、イラストなどの下書きデータがそのまま残っていることもあります。これらのオブジェクトは納品後には不要なデータなので、レイヤーパネルを見ながら削除しましょう。

RULE 53

デザイン要素のレイヤーは
統合・結合しない

APPLICATION

> Photoshopのレイヤーには再編集するための機能やコーディングに必要な情報が
> 多く含まれています。レイヤーの「統合」や「結合」は避けましょう。

レイヤーの統合・結合で再編集が困難になる

作業が終了すると「レイヤーを結合（または統合）」をしてしまう方がいます。Photoshopのpsdデータは再編集できることが最大のメリットですが、結合してしまうとレイヤー同士の情報が失われてしまい編集ができなくなります。また、データが重い、レイヤーがわかりにくいなどの問題もあるので、闇雲にレイヤーを結合するのは絶対に避けましょう。

レイヤーの統合・結合とは

Photoshopですべてのレイヤーを1枚にまとめることを「統合」、一部のレイヤーを1枚にまとめることを「結合」といいます。Illustratorでは「すべてのレイヤーを結合」「選択レイヤーを結合」という表記になり、レイヤーはサブレイヤーに変換されます。

統合・結合によってできなくなること

Illustratorの場合、レイヤーを「結合」しても要素の編集自体は可能です。ただ、背景と写真、ボタンなどをレイヤーベースで管理している場合は、レイヤーが結合されたことによって、要素をレイヤー操作で選択したり、表示/非表示を切り替えるのが困難になります。

Photoshopの場合はより深刻です。すべてを「統合」した場合、1枚のビットマップ画像になってしまうので、たとえばコーディングに必要な本文や見出しのテキストのコピー＆ペーストなどができません。

また、背景画像とオブジェクトを「統合」すると、非表示部分の画像情報は失われてしまい、ロールオーバー（hover）のような状態変化など、デザイナーが意図したコーディングが不可能になります **01**。

MEMO

Photoshopのアートボードツールを使用している場合は、アートボードが解除され両方のカンバスを合計した、大きなカンバスに自動的に置き換わってしまいます。Photoshopには「アセット（生成）」というレイヤーに準拠した書き出し方法や、レイヤーごとのクイック書き出しが可能です（RULE.56）。レイヤー情報を破棄することは、こうした書き出しに関する情報を破棄することと同じです。コーディングの効率が著しく悪くなり、修正はもちろん、最悪の場合はコーディングが不可能になります。

POINT

- レイヤーはコーディング効率化のためにも大切
- デザイン要素のレイヤーは結合や統合しない
- グループによる整理やスマートオブジェクトへの変換などを活用する

01 ボタンの背景と文字が一体化してしまった例（左：結合前　右：結合後）

Photoshopのシェイプレイヤーの結合は
場合によっては可

　一方、再編集可能な結合もあります。Photoshopのシェイプレイヤー同士の「結合」であればパス選択ツールによる再編集が可能です。たとえば長方形と三角形で矢印を作りレイヤーを結合しても、後に色や形を調整することはできます。シェイプレイヤーが増えすぎる場合はシェイプ同士の結合を検討してもよいでしょう **02** 。ただし、数値で角などを編集できる、ライブシェイプ（RULE.46）の機能は使用できなくなります。

02 シェイプの統合

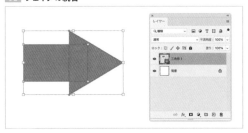

MEMO
Photoshopのシェイプレイヤーの結合は、Illustratorのオブジェクト同士をパスファインダーで合体する作業と似ています。
Illustratorでは［option〔Alt〕］キーを押しながらパスファインダーの「合体」などの各項目を選択すると、選択されたオブジェクトが「複合シェイプ」になります。複合シェイプ化したオブジェクトをダブルクリックすると、各オブジェクトを個別に再選択・再編集できるようになります。再編集しやすいデータという観点から、「複合シェイプ」の利用がおすすめです。

MEMO
Photoshopでの作業などで統合すべきなのは、写真の補正を終えて「もう元画像をとっておく必要がない」などの場合に限ります。

　レイヤーを整理して「わかりやすい」データを作成すると同時に、誤って［統合］→［保存］しないよう徹底しましょう。また、再編集の可能性がある画像はスマートオブジェクトにしたり、調整レイヤーやクリッピングマスクなどの複数のレイヤーで一つのオブジェクトを構成する場合などは、グループ化したりしておきましょう。

RULE 54

レイヤー効果やアピアランスの
複数がけは避ける

ドロップシャドウなどをかけるのに便利な「レイヤー効果」や「アピアランス」。何度も同じ効果をかけると、かけ方によってはコーディングのための数値を追う作業が大変になります。

「レイヤー効果」や「アピアランス」の注意点

Photoshopの「レイヤー効果（レイヤースタイル）」やIllustratorの「アピアランス」は、文字に影やフチをつけたり、色やテクスチャー、グラデーションをかけられる便利な機能です。項目によっては重ねて効果をかけることもでき、デザインの装飾工程には欠かせない機能です。

各種オーバーレイの描画モードに注意

「レイヤー効果」や「アピアランス」を使用する際は、元の色とは別に彩色できる「カラーオーバーレイ」などの「描画モード」に注意が必要です。01 と 02 は、見た目上は同じ薄い紫色のデータです。01 は紫色のシェイプですが、02 は元の赤に対して「乗算」で青色を乗せ、「不透明度」を50％にして紫を作り出しています。01 ではカラーの部分をクリックすれば色の数値を調べられますが、02 の処理では、正確な色の数値を調べることは困難です。文字やシェイプなどのコーディングの対象となる色の要素に対しては、描画モードを使用しないようにしましょう。

> **MEMO**
> Photoshopのレイヤーパネルには、レイヤーに対して、ドロップシャドウやエンボス、色などをかけられる「レイヤースタイル」があります。レイヤーパネルで効果をかけたいレイヤーの右側部分をダブルクリック、もしくは[fx]アイコンをクリックします。

> **MEMO**
> Illustratorのアピアランスパネルを使うと、オブジェクトの大元の形を保持しながら、ドロップシャドウや、塗りや線などを加えたり、形を変形することができます。[ウィンドウ]メニュー→[アピアランス]パネルを開いて設定します。

01 通常／不透明度：100%

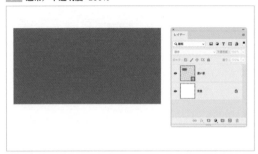

02 乗算／不透明度：50%

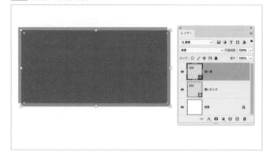

> **MEMO**
> Photoshopのレイヤー効果と同様に、Illustratorのレイヤーの描画モードと不透明度でも同じことがいえます。

POINT

- 効果を重ねがけすると、数値での再現が困難に
- 重ねがけする場合は、あらかじめコーディングの有無を確認
- レイヤー効果＆アピアランスの「決め打ち」を目指す

シャドウの重ねがけにも注意

レイヤー効果やアピアランスの「ドロップシャドウ」と「シャドウ（内側）」もCSSで再現可能です。こちらも先程と同様、ひとつ目のドロップシャドウに対して、二つ目のドロップシャドウを「乗算」でかけると、シャドウが濃くなります 03 。これをCSSとしてマークアップするためには、この濃い色の数値を調べる必要があります。ただ、カラーコードで指定した色同士が二度がけと乗算によって混ざっているので、このドロップシャドウのレイヤー効果（アピアランス）のデータからは「乗算した結果」のカラーコードをコピーできません。

03 ドロップシャドウの重ねがけ

実際はCSSでの再現方法も豊富、再現性のあるデータを目指す

普通の単色で済むにもかかわらずカラーオーバーレイで乗算して色を表現している、などのデータを作らないように気をつけながら作業しましょう。そこで、デザインを作り終わった後に「CSS再現が数値のコピペで簡単に可能か」「後からの思いつきで効果を二度がけしていないか」を確認しましょう。特に後者については、試行錯誤しがちな初心者にはよくあるデータです。「決め打ち」のレイヤー効果＆アピアランスを目指しましょう。

MEMO

PhotoshopやIllustratorを使った装飾性のあるパーツ制作は、ランディングページやバナーなど、最終的に画像として書き出すケースが多いことでしょう。pngやjpgなどの画像として書き出す場合、二度がけによるトラブルは少なくなります。

RULE
55

APPLICATION

Photoshopのラスタライズと Illustratorのアウトライン化に注意

文字をHTML上でマークアップする場合、デザインアプリから文字をコピー＆ペーストする必要があります。ところが、ラスタライズやアウトライン化してしまうと、文字をコピー＆ペーストできません。

コピペのできない「ラスタライズ」や「アウトライン」には注意

Webで表示される文字には画像化されている文字と、HTMLでマークアップされ、CSSで装飾されている文字（デバイステキスト）の2種類があります。近年はWebフォントやレスポンシブウェブデザインなどの技術が一般的になり、サイズが固定されてしまう、文字の画像化を多用するようなデータは減少傾向にあります。

コード化するテキストはコピーできるようにしておく

こうした背景の中、コーディングを前提としたデザインデータについては、文字の要素をハンドオフできる（コピー＆ペーストできる）かどうかが重要になります。ところが、Illustratorのアウトライン化 01 や、Photoshopで文字レイヤーをラスタライズ化 02 したデータでは、「文字要素」のコピー＆ペーストができません。

01 Illustratorのアウトライン化前と後

アウトライン前

アウトライン後

02 Photoshopのラスタライズ前と後

ラスタライズ前

ラスタライズ後

こうなると、コーディング担当者がOCRやテキストの手入力をしなくてはならず、打ち込みや校正に時間がかかるのはもちろん、誤字脱字が起きる原因になってしまいます。このような場合の誤字はコーディング担当者だけの責任ではありません。適切なテキストデータを支給しなかった支給側にも責任の一端があります。

用語
ハンドオフ
「手渡し」の意味。デザインアプリからコード化する際に手軽に情報を引き継ぐ（ハンドオフ）ための仕組みを指す。デザインデータのコード化に際して、Zeplin（ゼプリン）やAvocode（アボコード）といった外部のハンドオフツールが使われることもある。

MEMO
異なるマシンへaiデータの受け渡しをする際、相手方に同じフォントファイルがないと文字が相手の環境にあるフォントに自動で置き換わってしまい、意図した書体でのデザインが再現されません。これを防ぐために、ファイルを受け渡す前に該当しそうな書体を［書式］→［アウトラインを作成］でベクターデータ化する作業を「アウトライン化」といいます。なお、アウトライン化した書体は文字として編集できません。

POINT

- 近年は文字の画像化は減少傾向にある
- テキストを抽出できないので、ラスタライズとアウトライン化は控える
- Illustratorの場合アウトライン前のデータは別データにまとめる

文字のコピペができるデータを用意しよう

　Photoshopは、デザインで使用しているフォントがPCに入っていなくてもpsdデータの表示自体は可能なので、「文字はラスタライズしない」とだけ覚えておきましょう。一方、Illustratorの場合は、アウトラインが必要な箇所については別のコピーレイヤーにアウトライン前のテキストをまとめた上で非表示にしておくなどの工夫をしておくとよいでしょう。特に見出しや本文部分は、マークアップのためのコピー&ペーストが多くおこなわれる要素です。この本文部分は、アウトライン前のデータを必ず残しておきましょう。

MEMO

Photoshopでは、元データで使用されているフォントファイルがない場合、レイヤーパネルに注意マークが出ます。Photoshopの場合フォントファイルがなくても表示は可能ですが、文字ツールでテキストをクリックすると、フォントを置き換えるか、ラスターデータ（ビットマップデータ）へラスタライズするかを選択する必要があります。ラスタライズした書体は文字として編集できないことに加え、拡大するとボケてしまうので注意しましょう。

注意

アウトラインやラスタライズをした場合は、その旨をマークアップ担当者に伝えることを忘れずに。

CHAPTER 4　LP・バナー・パーツのデザイン

COLUMN

文字をsvgにするならアウトライン化する

Illustratorで作成した文字をsvgにすると、ベクターの美しい輪郭を残した状態がWebサイトで表示できます **01**。そのため、文字を画像化するのであればsvgで書き出したいところです。この際、書き出し元のデータをアウトライン化しないと、フォントのない環境では表示ができなくなってしまいます **02**。フォントを基にした文字要素をsvgとして書き出すのであれば、アウトライン化をおこないましょう。

01 Illustratorで表示した文字

02 アウトライン化しないでsvgに書き出した場合の例

RULE
56

APPLICATION

Photoshopでの
画像書き出しを理解する

Photoshopでのデザインデータは、特有のファイル形式のpsd形式で作成するので、Webサイトとして画像を表示するためには、pngやjpg（jpeg）などの拡張子への「画像（ファイル）の書き出し」が必要になります。

様々な画像の保存方法、書き出し形式を知る

たとえばカンバスサイズぴったりに作成されたバナーなどは「別名で保存」でpngやjpg（jpeg）に保存しても問題ありません。ただし、表示されているカンバス全体がそのままの状態で表示されてしまうため、任意の箇所やサイズで書き出したいときや、特定のオブジェクトだけを書き出したい場合には「別名で保存」は不向きです。Photoshopには様々な書き出し方法があるので、状況に応じて使い分けるようにしましょう。

［別名で保存］／［コピーを保存］

カンバスサイズのままで保存したい場合に使用できます。はじめに［Creative Cloudへの保存（クラウド保存）］をウィンドウで促される場合は、［コンピュータ］のボタンを選択します。

［別名で保存］ダイアログからは、グラフィックデザインでよく使用されるtiffなどの拡張子へ変換して保存できます。［コピーを保存］を選択すると、pngやjpg、比較的新しいWeb向けの拡張子であるwebpなどへ変換して保存ができます。

［書き出し形式］

カンバスやアートボードを基準に、大きさ、各拡張子の画質やカラープロファイル（sRGB）の埋め込みの有無をコントロールしながら書き出しをおこなう機能です。バナーなど容量に制限のある素材の書き出しに向いていて、特にアートボードを使って大量の画像を作る場合には一括で画質のコントロールができて便利です **01**。

MEMO ▶
［コピーを保存］に表示される豊富な拡張子をはじめから［別名で保存］で表示するには［環境設定］メニュー→［ファイル管理］→［ファイルの保存オプション］→［従来の「別名で保存」を有効にする］を選択します。

MEMO ▶
別名で保存／コピーを保存
［ファイル］メニュー→［別名で保存］／
［ファイル］メニュー→［コピーを保存］

書き出し形式
［ファイル］メニュー→［書き出し］→
［書き出し形式］

01 ［書き出し形式］

POINT

- 古い書き出し方法から新しいものまで、数多い書き出し方法を覚える
- ［Web用に保存（従来）］はアニメーションGIFかスライスに使う
- WebPなど新しい拡張子への保存を知っておく

［クイック書き出し］

　［クイック書き出し］は書き出しから［クイック書き出し］を選択してカンバス全体を書き出すか、書き出したいレイヤーやアートボードを選択して右クリックして［PNG（JPG）としてクイック書き出し］を選択します。書き出し時にファイル名を命名するよりも、あらかじめレイヤー名を書き出すファイル名と同じにしておく方が便利です。

［画像アセット］

　レイヤー名に拡張子や特定の接頭辞を含めることで書き出しをコントロールできます 02 。

　現在はPhotoshop自体がWebデザイン（レイアウト）そのもののツールではなくなりつつあるため、ちょっとした書き出しなどはクイック書き出しなどが担っており、一般的な利用頻度としては減少傾向にある機能です。

02　レイヤー名の例

［スライス］・［Web用に保存（従来）］

　現在ではアニメーションGIFなどの書き出しと、画面を分割するような、スライスツールを使用した書き出しの時のみに使用される（可能性のある）機能です 03 。

03　［Web用に保存（従来）］

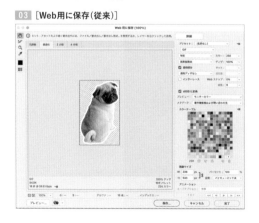

MEMO
pngとjpgとの切り替えや画質の変更は、［環境設定］→［書き出し］で設定可能です。

MEMO
レイヤー名が適切なファイル名になっている状態で［画像アセット］にチェックを入れてpsdファイルを保存すると、自動的に画像が書き出されます。その後はpsdファイルを変更・保存するたびに書き出し画像も上書きされていくので、常に最新の画像に差し替えることができます。

MEMO
クイック書き出し
［ファイル］メニュー→［書き出し］→［PNG（JPG）としてクイック書き出し］

画像アセット
①［ファイル］メニュー→［生成］→［画像アセット］
②レイヤーを選択して［レイヤー］パネル→パネルメニュー［PNG（JPG）としてクイック書き出し］／レイヤーを右クリックして［PNG（JPG）としてクイック書き出し］

スライス
ツールパネルの［切り抜きツール］を長押し

Web用に保存（従来）
［ファイル］メニュー→［書き出し］→［Web用に保存（従来）］

CHAPTER

4

LP・バナー・パーツのデザイン

Illustratorでの
画像書き出しを理解する

Illustratorはベクターを中心にイラスト制作などをおこなうツールです。そのため、書き出しの際にもSVGなどベクター形式はもちろん、昨今のWeb制作で需要が高まっているWebPにも対応しています。

書き出しの種類

IllustratorのデータをWebで使用する場合は、jpg、png、webpなどのほか、ベクター形式のsvgでの書き出しが求められます。

［別名保存］

アートボード一つを、SVGで書き出す場合のみに使えます。

［ファイル］メニュー→［別名で保存］でSVG（svg）、もしくはSCG圧縮（svgz）を選択して、まとめて1つのSVGとして書き出すことができます。［別名を保存］もしくは［複製を保存］の場合のみ、フォントのデータを圧縮したサブセットフォントを生成して埋め込むことができます。

［スクリーン用に書き出し］

［ファイル］メニュー→［書き出し］→［スクリーン用に書き出し］を選択すると、アートボードや事前に登録したアセットを個別に指定して書き出します 01。ファイルの形式、拡大縮小率などをそれぞれ複数設定しつつ、まとめて書き出すことができます。

01 ［スクリーン用に書き出し］

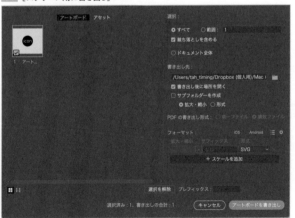

POINT

- Illustratorの書き出しは［スクリーン用に書き出し］が便利
- アセット（素材）ごとに［アセットの書き出し］パネルに登録しておく
- ベクターデータの書き出しはSVGの設定が重要

［アセットの書き出し］

　［ウィンドウ］メニュー→［アセットの書き出し］を選択すると、先述の［スクリーン用に書き出し］のアセットに登録できるパネルが表示されます `02`。ここで登録したアセットは、そのままこのパネルから書き出すこともできます。

［書き出し形式］

　［ファイル］メニュー→［書き出し］→［書き出し形式］を選択します。bmpやwebpなど、通常の別名保存などでは指定できない様々な形式で書き出すことができます。

［Web用に保存（従来）］

　［ファイル］メニュー→［書き出し］→［Web用に保存（従来）］を選択します。pngやjpgなど基本的な画像形式のものを、サイズや容量を細かく確認しながら書き出すことができます。こちらもRULE.56のPhotoshopと同様、現在はあまり使われていない機能です。

`02` ［アセットの書き出し］

CHAPTER 4　LP・バナー・パーツのデザイン

SVGの書き出し設定

　IllustratorからSVGを書き出す際にはいくつかの設定があります。書き出し方法により設定の範囲は変わりますが、ここでは最も一般的な［スクリーン用に書き出し］や［アセットの書き出し］などの［形式の設定］の項目を例に、設定の注意点について説明します `03`。

`03` SVGの書き出し設定

MEMO
左の設定は［スクリーン用に書き出し］ダイアログの右下部にある、［フォーマット］の右端の歯車アイコンをクリック、または［ファイルメニュー］→［書き出し］→［書き出し形式］で［ファイル形式:SVG］に設定すると表示されます。

スタイル

装飾のCSSをどのように書き出すかです。3種類の設定があります。これらは実装する際の挙動に影響するので、まずは［内部CSS］にしておき、状況によってコーディング担当者と相談するようにしましょう。

フォント

［SVG］でテキストデータとして、Webフォントなどを利用して表示すれば、編集可能なテキストとしてパターン展開にも再利用できます。逆に［アウトラインに変換］で完全にアウトライン化しておけば、アニメーションなどにも対応できるようにできます。こちらも状況に応じて使い分けましょう。

画像

3種類の設定があります。［保持］は現状の設定を保持するという意味です。通常はデータの重さを考慮し、［リンク］にしておくのがよいでしょう。

オブジェクトID

コード内に記述される名称のルールです。3種類の設定があります。レイヤー名をしっかりつけている場合は［レイヤー名］のままでもよいでしょう。

小数点以下の桁数

書き出したSVGは、必ずしも整数になりません。また、小数点も相当数の桁になることがあります。そのため設定した数値以下は切り捨てることになります。実際のSVGデータは、2桁だと微妙に描画がブレることもあるので、3程度に設定しておくとよいでしょう。

縮小

［縮小］チェックボックスをオンにすると、ID、インデント、行、余白が最小限のSVGコードが生成されます。

レスポンシブ

［レスポンシブ］のチェックボックスをオンにすると、書き出されたSVGが可変でブラウザの幅や実装時のCSSでの指定に応じて拡大・縮小されるようになります。

MEMO
［固有］にしておくと、名称によるCSSのバッティングなどを防ぐことができます。ただしこちらも実装次第になってくるので、必要に応じてコーディング担当者に確認して設定しましょう。

注意
数値を切り捨てる範囲によっては、数値の誤差がそのまま描画のずれになってしまうので注意が必要です。

CHAPTER 5

Figmaを使ったデザイン

2015年に誕生したFigma（フィグマ）は、Webやアプリなどのデザインに特化した機能を搭載し、誰でも同じファイルで「コラボレーション」できるアプリです。Figmaをこれから使ってみたいという方に向けて、ここだけは知っておいてほしいというキーワードを紹介していきます。

RULE
58
APPLICATION

Figmaのファイル構成と インターフェースをおさえる

はじめにFigmaの基本的なしくみとインターフェースを通して、どのような作業がおこなえるのかを知っておきましょう。

Figmaの構造とファイル

Figmaは「チーム」の中に「プロジェクト（チームプロジェクト）」を持ち、その中に複数の「ファイル」を持つという3層構造が基本になります。

Figmaの階層構造と料金プラン

チームには自分以外のメンバーを招待し、チームの中のファイルを編集できます。無料のスタータープランでは、クラウド上に1つのチームと3つのファイルが作れます。また、「チーム」とは別に「下書き」があります。こちらはファイル数の制限はありません。個人のデザイン制作であれば「下書き」の中でファイルを作成しても問題ありません。別のスタッフと共有したいときは「下書き」に入っているファイルを、チームのプロジェクトへ移動します 01 。

MEMO 有料プランによっては、さらに上位階層のワークスペース、オーガニゼーションなどの管理も可能です。

MEMO 下書きは「ドラフト」と表記されることもあります。

01 Figmaのファイルブラウザ（ホーム画面）

Figmaのファイルの中には複数の「ページ」があります。「ページ」の中にひとつの「フレーム」で大きさを定め、テキストやシェイプ、画像、セクションコンポーネントなどを使ってレイアウトをおこないます。これらのオブジェクトは「レイヤー」で管理されます 02 。

CHAPTER

5

Figmaを使ったデザイン

POINT

- 無料版は「チーム」の上限が1つ
- 無料版はファイルを3つまで作成できる
- インターフェースと「ページ」「フレーム」を理解する

02 チーム・プロジェクト・ファイル・ファイル・下書きの関係

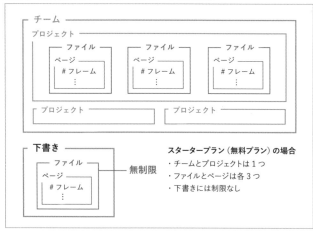

スタータープラン（無料プラン）の場合
- チームとプロジェクトは1つ
- ファイルとページは各3つ
- 下書きには制限なし

Figmaのインターフェース

　個別のファイルにおいては、ファイルの中に複数の「ページ」を持つことができます。ページ自体にはサイズという概念がないので、各ページの中で「フレーム」を使ってレイアウトをおこないます。ここではFigmaのインターフェースの名称を簡単に紹介します **03**。料金プランによるUIの違いはありません。

03 Figmaのインターフェース

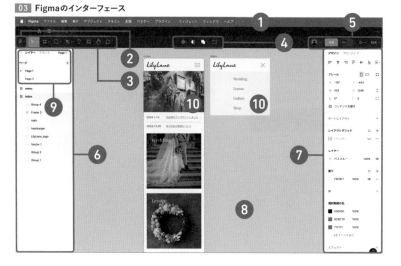

> MEMO
> コンポーネントについてはRULE.60で紹介しています。

> MEMO
> Figmaには公式の動画チュートリアルやわかりやすいキーボードショートカットのチュートリアルが豊富にあるので、これからはじめてFigmaに触れる方は見ておくとよいでしょう。いずれもアプリの［ヘルプ］メニューからアクセス可能です。

> MEMO
> ❶メニューバー
> ❷メインメニュー
> ❸ツールバー
> ❹コンテキストツール
> ❺ユーザーアバター、共有、
> 　プレゼンテーション、表示オプション
> ❻左サイドバー
> ❼右サイドバー
> ❽キャンバス
> ❾ページ
> ❿フレーム
>
> ※ブラウザ版は［❶メニュー］は
> 　ありません。

167

RULE
59
APPLICATION

デザインの土台を作る「レイアウトグリッド」や「スタイル」を活用する

ルールを守ったデザインは、見た目のよさはもちろん、コーディングもおこないやすくなります。まずは、Figmaの「レイアウトグリッド」や、グリッドをはじめとした要素を管理する「スタイル」を使いましょう。

まずは「フレーム」とレイアウトのルール作りから

Figmaでは［ページ］の中で、PCやスマホなど、各スクリーンの幅の「フレーム」を作ってデザインを作成します。ツールパネルの「フレーム」ツールを選択すると、右側のフレームパネルに、作りたいデバイスの幅が示されます。デバイスを選択するとフレームが作成されます 01 。はじめに、フレームに対して「レイアウトグリッド」を表示し、余白やカラムのルールを設定しましょう。

MEMO ▷
「フレーム」はPhotoshopやIllustratorのアートボードと同じと考えてください。

01 フレームを作成

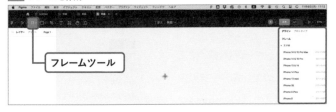

フレームツール

MEMO ▷
フレームの中で［セクションツール］を使ってエリアを作ることもできます。セクションエリア内の背景色などを指定できるので、フレームと併用するのがおすすめです。

「レイアウトグリッド」を設定する

フレームを選択して、左側にあるデザインタブの「レイアウトグリッド」の文字をクリックします。すると［グリッド10px］のグリッドが表示されます。左側の［レイアウトグリッドの設定］アイコンをクリックして、「グリッド」を「列」に変更すると、カラムでの色分けができます 02 。

02 レイアウトグリッドの設定（2カラムで左右に20pxのマージンを設けた場合）

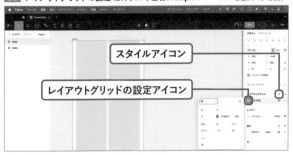

スタイルアイコン

レイアウトグリッドの設定アイコン

MEMO ▷
「ガター」は、カラム同士のマージンになります。

MEMO ▷
レイアウトグリッドは［Shift］＋［G］で表示／非表示を切り替えられます。

- はじめにページの中に「フレーム」を作る
- 「フレーム」に「レイアウトグリッド」を設定する
- 繰り返し使う要素は「スタイル」に登録して管理する

要素を「スタイル」に登録する

作成したレイアウトグリッドをほかのフレームで利用したい場合、[スタイルアイコン]をクリックして「スタイル」パネルを表示させ、作成したレイアウトグリッドを登録すると便利です **03**。「スタイル」はレイアウトグリッド以外にも色スタイル、テキストスタイル、エフェクトスタイル（ドロップシャドウなど）があります。

03 スタイルの登録（ローカルスタイルパネル）

MEMO
それぞれのスタイルは、入力された色や文字を選択すると登録できます。

スタイルを適用したいオブジェクトを選択して登録したスタイルを選択すると、そのスタイルにあわせてオブジェクトが変形します。また、スタイル側に変更を加えるとスタイルを適用したオブジェクトを一括で変更できます。くり返し使う要素は、積極的に「スタイル」パネルへ登録してデザインを進めましょう。

なお、スタイルと似た機能に「バリアブル」があります。「バリアブル」を使うと、たとえばダークモードとライトモードごとに表示を分けるなど、状況にあわせてデザインの設定を一括で変更するような高度な作業も可能です。ページ数やデザインのバリエーションが多いアプリやWebサイトを作成する場合は、スタイルと併用するのがおすすめです。

RULE 60

APPLICATION

「コンポーネント」と「バリアント」で要素の修正と変化に対応する

ヘッダーやボタンといった同じサイトに何度も出てくるパーツを管理するために使うのが「コンポーネント」と呼ばれるオブジェクトです。また、色が変化するボタンなどはコンポーネントの「バリアント」で管理します。

コンポーネントを活用して共通パーツを管理する

ひとつのファイルで複数のページを作ると、何度もヘッダーやフッターのオブジェクトが必要になります。通常のオブジェクトのコピー&ペーストでこれに対応しようとすると、修正があった場合の作業が手間になり、ミスが起きやすくなります。そこで、繰り返し出てくる要素は、右クリックなどで[コンポーネントの作成]を選択して、あらかじめコンポーネント化しておきましょう。一度コンポーネントにしたものを複製すると、デザインに修正があった場合、親のコンポーネント（メインコンポーネント）を修正するだけですべての複製を一括で修正できます 01 。この複製をインスタンスといいます。インスタンス側も編集が可能で、その場合はメインコンポーネント側には影響しないので、ボタンの色やテキストを一部変更する、といった作業はインスタンス側でおこないます 02 。

01 親のコンポーネントの文字を変更すると子のインスタンスの文字も変更される

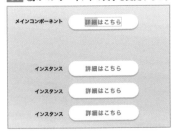

02 子のインスタンスを変更しても、コンポーネントや他のインスタンスは変更されない

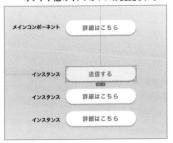

MEMO
コンポーネント化はデザインがある程度進んだ段階でページやフレームを新しく作り、メインコンポーネント用のエリアを用意して、そのエリアでコンポーネントへの変換をおこなうようにしましょう。

MEMO
インスタンスを右クリックして「メインコンポーネントへ移動」を選択すると親のコンポーネントへ移動できます。

POINT

- 繰り返し使うパーツは「コンポーネント」にする
- 状態が変化するコンポーネントは「バリアント」を使う
- イスタンスの配色は「アセット」タブで

状態の変化は「バリアント」を活用する

コンポーネントの状態の変化を表すには「バリアント」を使用します。ボタンの場合は、デフォルトの状態、ホバーやフォーカスなどを登録できます。メインコンポーネントを選択した状態で右サイドの［デザイン］→プロパティの［＋］マークを選択して、［バリアント］を選択すると、紫色の点線が表示されます **03**。下の［＋］アイコンをクリックするとオブジェクトがコピーされるので、「現在のバリアント」パネルから状態変化に応じた名称をつけて、その後オブジェクトをダブルクリックして選択して編集し、見た目を変更します。

03 バリアントで状態の変化を作る

> **MEMO**
> バリアントを使用している場合は、右サイドバーのコンポーネント名が記載されている部分を選択して命名した名称を選択すると、それに応じたインスタンスが表示されます。RULE.63で紹介しているプロトタイプと併用すると、実際にボタンをタップ（クリック）による状態変化を再現できます。

インスタンスを配置するには「アセット」タブが便利

たとえばボタンを複製するためにコンポーネントをコピー＆ペーストしようとすると、バリアントを設定した状態がバリアントのグループ（紫の点線）ごと複製されてしまい、思い通りの挙動にならないことがあります。そこで「アセット」パネルを使います。コンポーネントやバリアントを作成したら、左サイドバーの「アセット」パネルを表示すると「ローカルコンポーネント」の中に作成したコンポーネントの一覧が表示されます。そこで［インスタンスを挿入］ボタンを選択するとフレームやキャンバス上にインスタンスが配置されます **04**。

04 ［アセット］タブ→［ローカルコンポーネント］でインスタンスを配置する

CHAPTER 5 Figmaを使ったデザイン

「オートレイアウト」で余白や配置を指定する

レスポンシブウェブデザインの見た目を作る場合、画面幅にあわせてサイズの変わる要素を扱うことがよくあります。こういった場合は「オートレイアウト」を活用すると制作スピードが上がるだけでなく、デザインの整合性を取りやすくなります。

余白の維持や位置の変更に便利な「オートレイアウト」

マージンやパディングといったオブジェクトの余白を維持しながら異なる画面幅のレイアウトをおこなう作業は大変です。一言で「維持する」といっても、画面の幅が変わったときにオブジェクト同士の位置関係が絶対的であるのか、相対的に変化するのかといった点を含めて、コーディングを見越してルールを決めていく必要があります。このようなルールに則って、自動的にオブジェクト同士の距離や位置を変更できる「オートレイアウト」は、一律の余白設定やレイアウトのバリエーションを作成する作業を強力にアシストします。

オートレイアウトを作成する

はじめに、オートレイアウトを設定したいオブジェクトを選択し、右クリックや右サイドバーで「オートレイアウトの追加」を選択します。オートレイアウト化したオブジェクト群は「フレーム」になるので、このフレーム自体にも線や塗り、影などを設定できます。

オートレイアウトの余白を設定する

オートレイアウトのフレームを選択すると、右サイドバーに「オートレイアウト」パネルが表示されます 01 。オートレイアウトパネルで設定できる項目は次のとおりです。

❶オブジェクトの自動折り返しのルールを設定可能。

❷オートレイアウトパネルから余白を数値で設定すると、一律で同じ値の余白が設定できる。

❸フレームに対しての位置を設定すると、フレームの大きさが変わった場合に中のコンテンツがどのようなふるまいをするかを決めることができる。

❹フレームに対してのパディングの値を設定できる。

POINT

- 「上下左右に対して中央」など相対的な配置を設定できる
- パディングを設定して基準のパディングを元に変更できる
- コンポーネントと併用すると情報量の多いデザインで活躍する

`01` オートレイアウトパネル

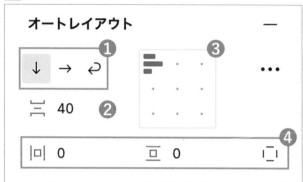

オートレイアウトとコンポーネントを組み合わせる

　同じ要素が複数あるときには、オートレイアウトのフレームをコピー＆ペーストするのではなく、オートレイアウトのフレームを一度「コンポーネント」（RULE.60）にして、子のインスタンスを複製して並べ、オートレイアウトを適用して余白を設定するのが便利です。この場合、テキストなどの中身側の変更はメインコンポーネントにアクセスしておこないます。それぞれの写真の中身を変える場合は各インスタンス側を修正します。そのうえで、オートレイアウトを適用します `02` 。

`02` オートレイアウトとコンポーネントを併用する

Figmaでの動画・インタラクションの扱い方を理解する

Figmaでは映像やアニメーションgifを扱うことができます。またこれとは別に、「プロトタイプ」機能を使ってインタラクションを作成することができます。

動画の埋め込み

Figmaでは100MBまでの動画ファイルを埋め込むことができます。埋め込んだ動画はデザインの制作中には再生できませんが、次のRULE.63で紹介するプレビューなどで確認できます。ただし、この動画の埋め込みの操作は有償版のユーザのチームプロジェクトに限られます。

> **MEMO**
> mp4形式、mov形式、webm形式の他、gifアニメーションを利用することもできます。

プロトタイプタグでインタラクションを作る

左サイドバーに表示されている「プロトタイプ」タブをクリックすると、フレーム（＝ページ）同士の遷移、ボタン、オーバーレイ、ドロップダウンするメニューなど機能用の動きである「インタラクション」を加えることができます。

展開するメニューの動きを作る

はじめに、クリックなどのアクションをする前の状態と後の状態のフレームを作成します。片方を選択した状態で「プロトタイプ」タブから、インタラクションの［＋］アイコン→トリガー設定［タップorクリック時］→［次に移動］を選択して、移動先を「オーバーレイを開く」に設定してフレーム名を選択し、右上の再生ボタンでプレビューすると、クリック操作で状態が変化します 01 。

> **MEMO**
> トリガー設定の表示は「プロトタイプの設定を表示」ボタンからモバイルやタブレットのデバイスを選択すると「タップ」に、PCのデバイスを選択すると「クリック」になります。

01 メニューの開閉を設定する

POINT

- 動画ファイルを埋め込むことができる
- Figmaの中で簡単なインタラクションを作れる
- LottieFilesなどとの連携も可能

スマートアニメートを活用して動きを作る

プロトタイプの「スマートアニメート」機能を利用すると、簡単なアニメーションを作ることができます。はじめに、元となるフレームを用意します。次にフレームを複製し、複製したフレームの内容を修正します。その後、プロトタイプタブでフレーム同士を[スマートアニメート]でつなぐと、つないだアートボード同士の中間の動きを補って簡単なアニメーションが作成されます **02**。

02 フレーム同士をつないで[スマートアニメート]を選択

LottieFilesと連携してインタラクションを書き出す

Figma上で作成したアニメーションは、「LottieFiles」プラグインを使用すると、スマートアニメート機能を使ってFigma上で作成したインタラクションをLottieFilesとして書き出すことができます。あらかじめLottieFilesのアカウントを作成した状態でLottieFilesを書き出すと、Webブラウザ上でアニメーションの編集ができたり、埋め込み用のコードを取得できるので、実装にも役立ちます **03**。

03 LottieFilesの編集画面

MEMO
アカウントの作成は無料です。ただし無料のスタータープランの場合アップロード数などに上限があります。

MEMO
LottieFiles
https://lottiefiles.com/jp/

RULE 63

APPLICATION

デザインを共有して
円滑なコミュニケーションを目指す

FigmaはWebデザインの制作で必要なデータの共有やコミュニケーションを手軽におこなえる機能があります。共有には大きく分けて、デザインの共有と、プロトタイプの共有があります。コードについては、次のRULE.64で紹介します。

デザインファイルを共有する

　まず、共有したいファイルを「下書き（ドラフト）」からプロジェクトへ移動しておきます。次にFigmaの右上にある水色の［共有］ボタンを選択し、［招待］から、作成中のデザインデータをほかのスタッフと共有できます 01 。

01 「招待」の設定

同時にデザインの共同編集ができる

　編集権限のあるデータは、複数のスタッフが同時に編集できます。このような共同編集によるデザイン制作は各スタッフの意見がリアルタイムで反映されるため、チェックの待ち時間などを含めた制作時間の短縮にもつながります。制作のどの段階からデザインを共同編集していくのかについては、案件やスタッフのスキルレベルによってケースバイケースです。作業に入る前にあらかじめスタッフ同士のワークフローについてすりあわせておくのが理想です。

コミュニケーションを円滑にする機能

　共同編集中のデザインには、［コメントを追加］ツールで任意の位置をクリックすると、その場所にコメントを残すことができます 02 。修正点や要望など、デザインのフィードバックを書いておくとよいでしょう。

MEMO
データの階層を移動するには、家のアイコンをクリックしてファイルブラウザ（ホーム画面）を表示して、該当のファイル上で右クリックします。

MEMO
共同編集中のファイルには、複数のマウスカーソルが表示されます。カーソルには名前が表示されるので、誰がどのページでどのような作業をしているのかがわかりやすいのも特徴です。

MEMO
視覚だけでのコミュニケーションでは意図が伝わりにくいこともあります。そのような場合は、音声でのコミュニケーションを併用していくのがおすすめです。プロフェッショナルプラン（有料版）の場合はFigmaのアプリ内で音声通話が可能です。

POINT

- リンクを作成してデザインファイルへ「招待」できる
- プロトタイプを共有して実物に近いイメージを表示できる
- 同時編集や音声通話も可能。編集の段取りを決めておくとよい

02 コメントの追加

デザインを実物に近い状態で見せる

　クライアントにデータを見せる場合、実際の見た目に近いものを提示するのが理想的です。たとえばサイトのデザイン全体を1枚の画像として書き出した上で、簡易的なHTMLに貼って共有する、といった手法はスタンダードな方法のひとつといえます。ところが、この方法では画面同士の遷移やUIの動きなどを見せるのが難しい点に注意が必要です。

　そこでFigmaの場合は、RULE.62でも紹介した「プロトタイプ」を使って、デザインの見た目とそれに伴う動きを再生・確認することができます。三角形の再生ボタンを選択すると、編集に必要なUIが消える代わりに、PCやスマホなどのイメージ（モック）が表示され、実物をシミュレートした状態で閲覧が可能です **03**。無料のスタータープランの場合はプロトタイプのみの共有はできませんが、プロフェッショナルプランであれば、プロトタイプ単体のURLを共有できるので、クライアントに提出する場合などに活用できます。

03 プロトタイプでスマホサイズを表示

実装に必要なデータの取得方法と 画像書き出しをおさえる

デザインからHTMLやCSSへのスムーズな移行がおこなえるかどうかは重要なポイントです。こういったデータの取得や画像の書き出しは、Fgimaの「開発モード」でおこないます

「開発モード」でHTMLやCSSを取得する

Figmaの右上にあるコードのアイコン［</>］をクリック（または［表示］→［開発モードを開く］を選択）すると、画面が「開発モード」に切り替わります。左右のバーに表示されている内容がデザインモードと異なり、HTML、CSSでの実装に必要な内容が表示されています。

たとえばフレームを選択している場合と、オブジェクトを選択している場合で表示が異なるので、コーディングしたい要素を選択して情報を取得しましょう。プロトタイプの画像の上にマウスカーソルを移動すると、CSSのデータを確認できます **01**。また、テキストオブジェクトを選択すると、文字に関するCSSの情報や、「コンテンツ」としてコピー可能な文字の情報を確認できます。

01 CSSのデータを確認

POINT

- ●「開発モード」で情報を取得できる
- ● レイヤー整理や命名が大切なのはほかのアプリと同様
- ● プラグインを活用すると時短もできる

Figmaから画像を書き出す

　画像の書き出しは「デザインモード」「開発モード」いずれのモードでも可能です。書き出したい画像を選択して、右サイドバーの「エクスポート」の［＋］アイコンをクリックします。「開発モード」の場合は「アセット」からでも書き出しができます。ここでのファイル名はレイヤー名と同一になるので、書き出したい画像に関するレイヤーは左サイドバーで整理・命名しておきましょう **02** 。

　カラープロファイル（RULE.22）はsRGBとDisplay P3のうち、ドキュメントのカラープロファイルで設定されたものが適用されます。ドキュメントのカラープロファイルはFigmaのアイコンを選択→［基本設定］→［カラープロファイル］で変更できます。

<blockquote>
MEMO

アプリのFigmaメニューにある［基本設定］からはカラープロファイルの確認はできません。
</blockquote>

02 ◾ 画像のエクスポートや内容が表示される

CHAPTER

5

Figmaを使ったデザイン

プラグインを活用する

Figmaの機能を拡張する「プラグイン」をインストールして使用すると、作業の効率化を図れます。プラグインはFigmaのコミュニティから検索やインストールが可能です。

たとえば 03 は、開発モードに関するプラグインをインストール順に表示したものです。プラグインには有料のものもありますが、自分にあったプラグインを活用すると作業効率の向上が期待できます。

MEMO
Figma コミュニティ トップ
https://www.figma.com/
community

03 Figmaの「開発モード」の人気プラグインや内容が表示される

https://www.figma.com/community/category/development

CHAPTER 6

コーディングに困る
デザインデータ

「いい感じに作っておいてよ」と言われて困ったり、ダメなデータにイライラした経験がある方は多いことでしょう。よいサイトにはよいコード、よいコードにはよいデータが欠かせません。デザイナーがコーディング担当者と気持ちよく仕事をするために必要なデザインデータのマナーについて考えていきましょう。

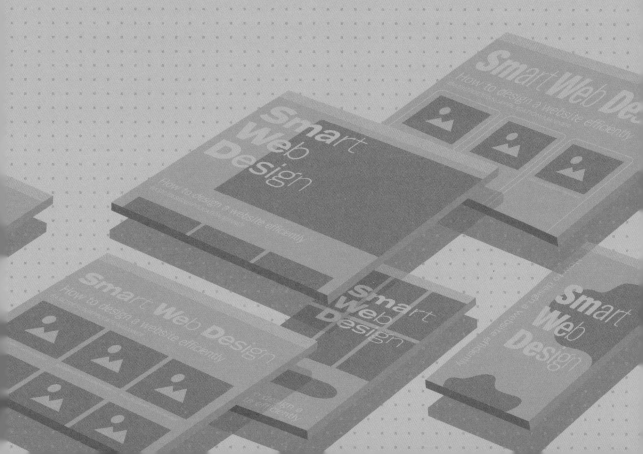

Webデザイナーに必要な コーディング知識を身につける

規模が大きなサイトほど分業制で作ることが多く、デザイナーがコーディングをしないケースもあります。では、デザイナーにコーディングの知識は不要なのかについて考えてみます。

デザイナーもコーディングできたほうがいい？

　SNSなどで定期的に盛り上がる話題のひとつが、「デザイナーもコーディングできたほうがいい？」論争です。現在はコードの専門的な知識が不要なノーコード系のWebページの制作ツールも豊富で、それらツールをプロのデザイナーが活用する例も増えてきており、話題が盛り上がるのも納得ではあります。回答はひとそれぞれですが、コードに対する基本的な知識はあったほうがよい、というのが私たち著者の立場です。

「構造化」されたHTMLを意識したデザインを作る

　適切に構造化されたHTMLのマークアップは、見た目の整合性による情報のわかりやすさだけでなく、アクセシビリティやSEOの観点からも有利とされています（RULE.38）。

　構造化されたWebサイトを実現するための第一として、<h1>や<h2>などの見出しのheading要素や、<section>や<header><nav>などの役割を示すHTMLタグを適切に使ってコードを書くのが重要です。こうした思想をセマンティックWebといいます。

　セマンティックWebを実現するためには、デザイナーが情報をどこにどのように配置してデザインするのかが非常に重要になります。たとえパッと見の印象がよくても、見出しがなかったり、ナビゲーションがページによってあったりなかったりするようなデザインでは、コードを書く側もそのデザインに従わなくてはならないので、セマンティックWebにはなりません。

　なお、セマンティックWebの観点から、よい例 01 と悪い例 02 を次ページで紹介します。これらについて、どちらがよい・悪いのかを説明できるくらいの知識は欲しいところです。

　これからWebデザインをはじめたいという読者には、セマンティックWebを前提にした、基本的なHTMLタグの理解をおすすめします。

> **MEMO**
> 「構造化」という用語を用いる場合、RULE.38のコラムで紹介している、高度な構造化データマークアップを含むという解釈もできますが、ここでは主にHTMLのタグをその役割ごとに割り振って使用するセマンティックWebの初歩について触れます。

POINT

- デザイナーにもコードの基本的な知識は必要
- HTMLとCSSの基本を理解すると整合性のとれたデザインを作れる
- ほかのスタッフと協業する場合は自分のスキルに縛られないことも大事

01 良い例

```
<body>
<header>
<h1>サイトタイトル</h1>
<nav>ナビゲーション</nav>
</header>
<article>
<h1>テキストテキスト</h1>
<p>テキストテキストテキスト</p>
<h2>テキスト</h2>
<p>テキストテキストテキスト</p>
</article>
<section>
<h1>テキストテキスト</h1>
<p>テキストテキストテキスト</p>
<h2>テキスト</h2>
<p>テキストテキストテキスト</p>
</section>
<footer>フッター</footer>
</body>
```

02 悪い例

```
<body>
<div>
<div>
<div>サイトタイトル</div>
<div>ナビゲーション</div>
</div>
<p>テキストテキスト<p>
<p>テキストテキストテキスト</p>
<p>テキスト</p>
<p>テキストテキストテキスト</p>
</div>
<div>
<p>テキストテキスト<p>
<p>テキストテキストテキスト</p>
<p>テキスト</p>
<p>テキストテキストテキスト</p>
</div>
<div>フッター</div>
</body>
```

CSSの「継承」を前提に整合性がとれたデザインを作る

　CSSはひとつの見た目を再現する記述に対して複数の方法があります。また、Sassなどのメタ言語や、たとえばBEMやTailwindCSSなどの記法などを含めると覚えることが多いと感じる方も多いでしょう（筆者もそのひとりです）。

　しかし、見た目を作るWebデザイナーであれば、最低限「ここはCSSで再現できる、ここは難しそう」といった判断をしながらデザインをしていきたいところです。

　CSSは「Cascading Style Sheets」の名の通り、大局から詳細へと要素を「継承」していき、新しいものやイレギュラーなものを書き加えていく言語です。このような要素の「継承」の考え方は、情報の整合性という観点から、グラフィックデザインや映像などの他分野のデザイナーの方にも活用できる思想だと考えています。

用語

BEM

CSSのclassの記法（記述方法）のひとつ。Block、Element、Modifierの3つの要素を元に、ブロック名__エレメント名といった形でアンダースコア2つでつなげて書く。

用語

TailwindCSS

"text-center"など、機能や見た目ごとのユーティリティクラスを活用するCSSフレームワーク。

用語

カスケード（cascade）/ カスケーディング（cascading）

階段状の人工的な滝を語源とする言葉で、段階的あるいは連鎖的に物事が生じる様子を表す。

バナーの線がにじんでいる……
デザインデータの小数点に注意

オブジェクトの位置やサイズに小数点が発生することで、細い線やオブジェクト同士の境界がにじむことがあります。なんだかにじんでいるなと思ったら元データの見直しが必要です。

書き出した画像の直線がにじんだら拡大してみよう

デザインアプリを問わず、pngやjpgで書き出したバナーなどの直線やオブジェクトの境界がにじんで見えることがあります。デザインの初心者の方は、はじめにこうした「にじんだ線」が汚い状態であると認識できるようになりましょう（もちろん意図している場合は別です）01。

MEMO
同じ現象はRULE.42でも紹介しています。併せて確認してみましょう。

01 にじんだ状態（左）と意図した状態（右）。茶色の罫線がにじんでいる

にじむ原因は座標やサイズの「小数点」

このような状態は、オブジェクトの幅や高さが整数値になっておらず、小数点があるか、配置されている位置（座標）に小数点があると発生します。Webデザインアプリの基本単位はピクセルであり、画像に対するピクセルの位置に小数点があると、書き出す画像ににじみが発生します。これらの小数点はIllustratorやPhotoshopでのバウンディングボックスの操作によるリサイズ（サイズの修正）で、よく発生します。線やオブジェクトのサイズを変更した後はプロパティパネルや変形パネルを確認し、サイズや位置に小数点が発生していないかを確認しましょう02 03。

実際の見た目ではRULE.42で紹介しているIllustratorの「ピクセルにスナップ」、Photoshopの長方形ツールなどを選択したときに上部のオプションに表示される「エッジを整列」などを使用すると、小数点によるにじ

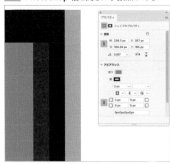

02 Photoshop 幅と高さに小数点がある

03 Illustrator 位置に小数点がある

MEMO
Illustratorでは「ピクセルプレビュー」を有効にするとピクセルでの見え方をシミュレートできます。

みはある程度回避できます。ただし、細い罫線や小さいパターンなどの場合は、オブジェクトを拡大した上でサイズや座標の数値からチェックしていくほうが確実です。また、素材サイトや印刷物からデータを流用する場合なども注意が必要です。たとえば素材が印刷向けのミリメートル単位で作られていたり、ピクセルの小数点があったりすると、それをそのまま使うことでにじみが出ることも考えられます。

　Figmaの場合でも、たとえば背景のパターン用に小さいオブジェクトを作成したり、アイコンを作成するような場合はやや注意が必要です。オブジェクトの境界がにじむ場合は画面を拡大し、幅や高さ、位置に小数点がないかを確認しましょう。

MEMO
Figmaでのデザイン作業の場合、数ピクセル単位のオブジェクトを作るといった細かい作業をする際に気をつければ、通常特に意識しなくても問題はないでしょう。

イラストや画像化する文字はSVGだとにじまない

　こうした小数点はコーディングの際にも数値がブレる原因になるため、ないに越したことはありません。ただ、たとえば文字やイラストなどをベクターベースのSVGとして画像を書き出す場合は、イラストの細部までを確認・修正する必要はありません。使用する用途や状況に応じて書き出す拡張子を判断していきましょう。

CHAPTER

6

コーディングに困るデザインデータ

RULE 67

MANNER

背景として実装するなら「元素材」が必要

繰り返しの背景を使う場合は可能な範囲でパターン元の画像もデザインに含めておきましょう。また、写真を背景画像として実装することで、異なるブラウザ幅であっても写真の画角を変更しながらの配置が可能です。

画像を使った背景プロパティでは「元の素材」を一緒に渡す

　背景を実装するために用いられるCSSのBackgroundプロパティ（背景プロパティ）は、ある要素に対して①全面に単色やグラデーションなどの色を敷く、②連続してパターンを敷く、③画像を1枚だけ敷く、という使い方ができます。画像が必要になる②と③の指定の場合は、その指示のために適切な形で元の画像を揃えておく必要があります。

繰り返しのパターンを
デザイン＆Backgroundプロパティで実装する場合

　ストライプやドット、市松模様などの繰り返されるパターンをCSSで実装する場合、あらかじめ元となるpngなどの画像ファイルが準備されていると実装がスムーズです。Figmaでこうしたシームレスパターンを作る場合、一度元になる画像をpngとして用意してから、フレームやセクションの「塗り」にその画像を指定して `01` 、詳細を「タイル」にして `02` 敷き詰めることで繰り返しのパターンを正確にデザインすることができます。この時用意したpng画像を実装のときに流用できるのが理想です。

MEMO
オブジェクトのコピー＆ペーストで背景のパターンを表現してしまうと、オブジェクトやレイヤーの管理が煩雑になるので、こうしたFigmaの機能を活用するようにしましょう。

`01` フレームやセクションなどを選択し「塗り」→「画像」→「画像を選択」からpngファイルを選択

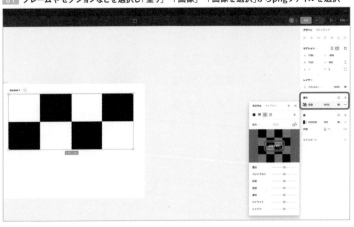

186

POINT

- CSSの背景に指定する元素材があると便利
- パターンとして並べる場合はFigmaの「タイル」を活用する
- トリミング範囲をCSSで変える場合は元画像を準備

02 「拡大(初期値)」を「タイル」に変更、用意しておいたストライプのパターンが適用される

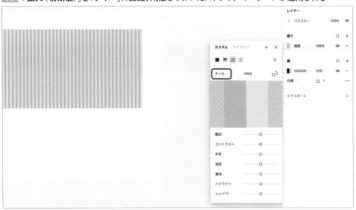

リキッド画像をBackgroundプロパティで実装する場合

　RULE.24「リキッドレイアウトでは画像サイズが変わる」で紹介しているように、ブラウザ幅によって画像の表示範囲が変わるレイアウトの場合、決められたエリアの中で画像の見え方が変わることがあります。これを制御するには、RULE.24のレスポンシブイメージのほかに、Backgroundプロパティを使って背景として画像を扱う方法があります。Backgroundプロパティを使用する場合、画面幅やレイアウトによっては画像全体を表示したり、逆に高さを制御して一部を切って見せたほうがデザイン上、納まりがよく見える場合もあります 03 。こういった場合は、「トリミングをしていない元の画像」も用意しておきましょう。

03 トリミングの差が出る場合のイメージ。左側の見えていない部分も用意しておく

MEMO
レスポンシブイメージは画面幅によって異なる画像を表示する手法です。これに対してBackgroundプロパティは同一の画像を使用してエリアの高さなどを指定することで見える範囲を変えていきます。

CHAPTER

6

コーディングに困るデザインデータ

不揃いなグラデーションは
コードを煩雑にする

たとえば中央にコンテンツがあり、左右に背景のグラデーションが用いられている表現は比較的よく見かけるデザインです。ところが、一見同じように見えてもこのグラデーションが若干違うことでコーディング側が困ることもあります。

CSSで表現できる多くのグラデーション

ある色から別の色、もしくは色から透明へと変化するグラデーションの多くはCSSによって再現が可能です。レスポンシブとの相性がよく画像としての書き出しの手間も要らないため、現在は多くのグラデーションの表現がCSSで実装されています。

「ちょっと違うグラデーション」を作らない

ところが、デザインファイル上で大雑把に似たようなグラデーションを作成してしまうと、完全に再現するためにはカラーコードや角度などを若干変更しなくてはならず、デザイナーが意図しないところで実装の手間となってしまいます。また、デザインの一貫性にも欠けるため、まとまりのないデザインという印象を持ってしまうかもしれません。

01 グラデーションの作成。同一のスタイルは画面上の複数箇所へ使用できる

POINT

- その多くがCSSで表現可能なグラデーション
- 同じに見えても数値が微妙に違う、ということを避ける
- Figmaのスタイルやバリアブルを活用する

Figmaのスタイル機能、バリアブル機能を活用する

「ちょっとの違い」を防ぐには、Figmaのスタイル機能やバリアブル機能を使って早めにグラデーションを作成、登録し **01** 、スタイルを適用したオブジェクトを複製していく方法がベストです。スタイルやバリアブルが適用されているオブジェクトは、元のスタイル（バリアブル）を変更すると一括で変更が反映できるので、「ちょっとの違い」を防ぐことができます。Figmaの「開発モード」へ切り替えるとCSSのスタイルをコピーできるので、実装も簡単です **02** 。

02 「開発モード」でCSSのコードを取得

IllustratorのフリーグラデーションとWebでの再現

Illustratorはグラデーションに関する機能が豊富にあります。「フリーグラデーション」を使用すると、オブジェクトの中で色のポイントを複数設定することができ、オブジェクトの中で複数の色同士が混じり合います。Instagramのロゴなどがわかりやすい例で、近年のトレンドのひとつといってもよいでしょう。

残念ながらこうしたイメージをCSSとして書き出す機能はありませんが、SVGとして書き出すことは可能です。また、こうしたフリーグラデーション状のグラデーションをWebサイト上で作るためのジェネレーターなどもあるので、探してみるのもおすすめです。

CHAPTER

6

コーディングに困るデザインデータ

どこに揃っているかわからない！
無駄なガイドは作らない

「ガイド」は、データの書き出しの妨げになることなく、オブジェクトの整列位置や、余白などの情報をデータ内に示すことができます。デザインアプリでレイアウトする際に欠かせない機能ですが、多用するとガイドに関する問題も増えます。

ガイドを的確に使おう

ガイドは［表示］メニューを選択すると表示／非表示が可能です。正確なレイアウトをおこなうためには欠かせないので、デザイン初心者の方には必ず使用してほしい機能です。ただし、ガイドを作ることが目的になってしまうと、目的を果たせていない残念なガイドになってしまうこともあります。

オブジェクトに対してズレているガイド

オブジェクトの位置は揃っているのに、ガイドがズレていては意味がありません。ガイドのズレは手作業でいい加減に設定したり、作業途中に「ガイドのロック」をせずにオブジェクトと一緒に移動してしまうミスが原因で発生します 01 。

01 よくないガイドの例

ドラッグ操作でガイドを作らない工夫を

トラブルの元になる不正確なガイドは多くの場合、定規の目盛りなどからPhotoshopのカンバス（あるいはFigmaのフレームやIllustratorのアートボード）へのドラッグ操作によって発生します。こうしたガイドを作らないためには、事前の設計はもとより、ドラッグ操作でガイドを作らない操作を意識しておくとよいでしょう。IllustratorやPhotoshopについては「グリッド」を利用すると効果的です。

POINT

- 便利なガイドがかえって邪魔になることも
- マウスでの設定はミスの元
- グリッドなどの一括で設定する機能を活用する

Photoshopでの操作

　カンバスやアートボードを作成した状態で、[新規ガイドレイアウトを表示] 02 を選択すると、カラムやマージンを意識したガイドを引くことができます。

02 ［新規ガイドレイアウトを表示］

Illustratorでの操作

　ガイドの元になる長方形のオブジェクトを作成して選択した状態で、[グリッドに分割]を選択し、カラムやマージンの設定をおこないます。「ガイドを追加」にチェックを入れるか 03 、分割後のオブジェクトを選択して、[表示]メニュー→[ガイド]→[ガイドを作成]でガイドへ変換します。また、特定のオブジェクトに吸着する「スナップ」や「スマートガイド」と併用するとレイアウト時の意図しない配置ミスを減らせます。

03 ［グリッドに分割］

Figmaでの操作

　Figmaの場合はレイアウトグリッドを基本にするとよいでしょう。[レイアウトグリッド]を選択して 04 [グリッド]のプルダウンから「列」を選ぶとカラムの設定が可能です。左右のマージンは「余白」で設定します 05 。

04 ［レイアウトグリッド］の選択

05 ［余白］の設定

MEMO
Photoshopでの操作：[表示]メニュー→[新規ガイドレイアウトを表示]

MEMO
Photoshopでアートボードを使用している場合、複数のアートボードにまたがったカンバスのガイドとは別に、個別のアートボードに対して別のガイドを設定可能です。自分がどちらのガイドを操作・参照しているのかを意識しましょう。

MEMO
Illustratorでの操作：[オブジェクト]メニュー→[パス]→[グリッドに分割]

MEMO
Figmaでの操作：[デザイン]→[レイアウトグリッド]

CHAPTER

6

コーディングに困るデザインデータ

本文に「字切り」の改行は入れない

複数行に渡る本文の文字組みを「字切り」用途で改行してもデザイナーが意図したように再現することは難しく、1行あたりに表示できる文字数は変化してしまいます。このような仕様を理解した上で、適切な改行を検討しましょう。

Webの「字切り」は万人の環境で同一の表示ができない

Webサイトの特性として、閲覧者側の要因によってデバイステキスト部分のフォントサイズが変化します。画像化しない限り、1行あたりの文字量は閲覧者の環境が決めます。デザインアプリ上で複数行のテキストを配置するには、見た目で［return〔Enter〕］キーを入れて改行していくのではなく、各アプリの［文字ツール］をドラッグしてエリアを決定する「エリア内文字」などの機能で定義しましょう 01 02 03 。その上で、行末の調整（字切り）目的の改行はおこなわないようにします。

MEMO
閲覧者側の要因の例
①デバイス：PC、スマホ、タブレット
②OS：Mac.Windows.iOS.Android
③OSの各バージョン
④ブラウザの種類
⑤ブラウザの設定

01 Photoshopのエリア内文字

> Webサイトの特性として、閲覧者側の要因によってデバイステキスト部分のフォントサイズが変化します。画像化しない限り、1行あたりの文字量は閲覧者の環境が決めます。

02 Illustratorのエリア内文字

> Web サイトの特性として、閲覧者側の要因によってデバイステキスト部分のフォントサイズが変化します。画像化しない限り、1 行あたりの文字量は閲覧者の環境が決めます。

03 Figmaのテキスト

> Webサイトの特性として、閲覧者側の要因によってデバイステキスト部分のフォントサイズが変化します。画像化しない限り、1行あたりの文字量は閲覧者の環境が決めます。

実際の例を見てみましょう。たとえばデザインファイル上で、テキストエリア内で文章を揃えるために行末の「の」で改行したいとしましょう。実際のマークアップでは
で改行を入れておくと、1行が何文字でも改行が反映されます。ところが、閲覧者の環境によっては、「の」が次の行へ送られてしまう場合があります 04 。

POINT

- Webは閲覧者に依存してマークアップしたフォントサイズが変わる
- 行末の調整のために改行しても、その通りに再現できないことが多い
- 実装を含めて美しい文字組みを目指す

04　
タグの挿入に注意する

デザイナーの意図する改行

Web サイトの特性としては、閲覧者側
の要因によってデバイステキスト部分の `<br>`
フォントサイズが変化します。

環境によって変化する場合も

Web サイトの特性としては、閲覧者側
の要因によってデバイステキスト部分
の `<br>`
フォントサイズが変化します。

COLUMN

レスポンシブウェブデザインでの改行対応

レスポンシブウェブデザインによる改行の場合、ブレークポイントごとにクラ
スを用意して、特定の画面幅では改行を入れる／解除する、といった指示が
可能です。このような方法で改行にこだわるのはよくあるケースであり、読み
やすさの向上のためには推奨されるテクニックです。しかし、ブラウザの幅
の細かな変化やユーザ側のフォントサイズの変更などにより、100％意図す
るレイアウトになるとは限りません。

閲覧環境を考慮した柔軟な対応を

とはいえ、改行は必要です。この頁で述べているNGな改行は、

- 複数行に渡る本文（テキストエリア）の場合
- 文字の「字切り」を目的とした行末の微調整の場合

の改行です。数行の見出しや画像化などを前提として、タイポグラフィーに
こだわりたい場合はこの限りではありません。「字切り」を意識すること
自体はよいことであり、短い見出しなどでは意識したいところです。た
とえば、svgとpicture要素などを活用してデバイスごとにベクター画像を出
し分ける実装方法などを検討してもよいでしょう。

　Webの閲覧環境ごとの違いを踏まえ、できることとできないこと（効果
的でないこと）を理解してデザインをおこないましょう。

MEMO
本文など長文の画像化は推奨されな
いので注意しましょう（RULE.77）。

CHAPTER
6
コーディングに困るデザインデータ

RULE **71**

DESIGN

意味を持たない謎の余白が
コーディングを複雑にする

コーディング初心者にとっては余白の調整は難しいものです。marginやpadding
の設定をするよりも、画像自体に余白を持たせる方法を選ぶ方もいます。ところが
この方法は、レスポンシブデザインでレイアウトが破綻する原因になります。

「CSSが苦手」で画像に余白を持たせるとCSSが複雑になる

　CSSに苦手意識のあるWebデザイン（マークアップ）初心者は、CSSで
余白を調整するよりも、画像に余白を含めてしまったほうが簡単、と思うか
もしれません 01 。ところが、現在主流のレスポンシブウェブデザインなど
のパーツでは、そういった設計思想を持たない思いつきの余白はレイアウ
トの崩れの原因になります。その後の更新などについても、作ってしまった
余白を考慮する必要があり、逆にCSSが冗長になる場合が多く見られま
す。

01 **画像側に不均一な余白が含まれる例**

　一方、明確な意図があって余白を持たせる場合は、その後の更新や運
用にも支障は少ないでしょう。たとえば、特定の箇所のサムネイル画像な
ど、あらかじめ画像の幅や高さが決まっている場合は決められた幅や高さ
に従った画像を作成します。

画像だけを用意する場合は特に注意する

　コーディングを先行して進めながら、Photoshopで画像を準備するフ
ローで、切り抜き画像を扱う場合、余白は落とし穴になりがちなポイントで
す。コンテンツの中心がズレて見えたり、画像の大きさは同じなのに見た
目が揃っていない印象を持たれてしまうこともあるので、余白の管理は
しっかりとおこないましょう 02 。

POINT

- 画像に変な「謎の余白」を持たせるとレイアウトの崩れにつながる
- CSSも冗長になる
- 書き出し時、画像側には余白をつけない

02 ズレて見える（上）が、コードには問題がなく画像の余白に問題がある（下）ケース

MEMO

この例では、セクションの内に3つのマカロンを中央に配置しているだけであるにも関わらず、マカロンの位置がバラバラに見えます（セクションの背景にグレーを入れてみるとよくわかります）。これは、元の画像のサイズがバラバラであったり、画像の中での位置が異なることが原因です。

CHAPTER

6

コーディングに困るデザインデータ

COLUMN

画像に余白を含めたい場合は？

要素の一部だけや、余白を含めて書き出したい場合は、Figmaの「スライスツール」を使います。「スライスツール」を選択した状態でドラッグ操作をし、［デザイン］→［エクスポート］をクリックしてスライスで定義した範囲を画像として書き出せます **01**。なお、スライスツールはPhotoshop、Illustratorにもあります。

01 Figmaのスライスツール

195

RULE 72

MANNER

必要か不必要かがわからない
データは存在させない

デザイン中に生み出された「もしかしたら使うかもしれない」データは、ついつい取っておきがちになります。しかし、その様なデータが残っているとコーディングに支障をきたします。

複数案がある場合はきちんと整理してまとめて引き渡す

デザインの現場ではバリエーションを複数作成してクライアントに提示することがよくあります。また、制作の過程で差し替わったデータも、万が一に備えて残しておくケースもよくあります。複数案のデータに不必要なデータが混在している状態でコーディング担当に渡してしまうと、どのデータをコーディングしていいかわからず、確認の手間が生じてしまいます。複数の案をひとつにまとめる場合、余分な中間成果物を削除し、コーディング用のデータをまとめるようにしましょう。

> **MEMO**
> RULE.67のように、「元画像」は残した方がいい場合もあります。

デザインの案？ 状態の変化？ 明確に指示を入れる

ナビゲーションやボタンのように、リンクによるhover（ホバー）で見た目が変化する要素や、ページごとにアイコンやラベルを設ける場合などは、同じ内容でも色や形の違うオブジェクトを並べておくことがあります。こういった場合も、コーディングする側が迷わないような指示が必要になります。たとえばFigmaの場合はコメント機能を活用したり、別途フレームを設けてテキストを書くなどして、デザインの案やバリエーションではなく、たとえば「状態の変化を示していること」を明確に伝えるようにしましょう 01 。

> **MEMO**
> ボタンやアイコン、ナビゲーションなどのパーツはFigmaの「コンポーネント」や「バリアント」を利用すると便利です。メインコンポーネントの管理用としてフレームを設けておくと管理もしやすく一石二鳥です（RULE.60）。

01 案なのかリンクボタンで状態の変化なのかがわからない、異なる「おしらせ」アイコン

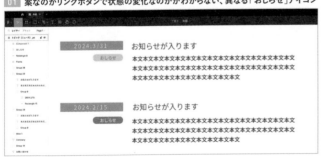

POINT

- デザインファイル上の不要なデータは削除する
- バリエーションなのか状態の変化なのかを示す
- 写真などの素材データは整理して別フォルダにまとめる

元の素材データの管理はしっかりと。シェアは場合により

　初心者がおこないがちな作業に、「素材データ」や「デザインファイル」と書き出し後の画像データを同じ「images（画像）」等のフォルダで管理することがあります 02 。こういったデータの管理の方法では、データをサーバへアップロードする際に分ける必要があるため不便です。また、色や明るさの補正などの素材側の修正があった場合、誤って書き出しデータ側を修正してしまい、その後の先祖返りを誘発することも考えられます。

02 アップロードするデータと素材とが混在している例
　　（青表示の日本語ファイルやpsdファイルが素材データ）

　はじめに素材やデザインのデータは素材用のフォルダにまとめておきましょう。同じ画像でもデザインとコーディングとでは工程が異なるととらえ、コーディング時に必要な画像を書き出した後に格納する「images」フォルダ等と「素材」フォルダは別だという認識が必要です 03 。

03 アップロードするデータと素材・デザインフォルダを別に分けた例

CHAPTER

6

コーディングに困るデザインデータ

MEMO
「デザイン」の要素は最新のものをコーディング担当者に渡します。（Figmaの場合はクラウド管理が基本なので.figファイルでなく、共有機能を使ってデータを渡すこともあります）。

MEMO
Webサイト用のサーバへまるごと素材・デザインデータをアップロードしてしまうと、ファイルの容量が大きいためにサーバに負荷をかけてしまうことがあります。意図しないアップロードは避けるべきでしょう。

MEMO
これらのフォルダとは別に、HTMLとCSS、images（書き出し後の画像）のフォルダも用意しましょう。

197

CMS&ノーコードによる更新で
デザインがどう変化するかを想定する

運営側でサイトを更新できるCMSやノーコード系のツールは細かな修正やアップデートを反映させるには便利なシステムです。ただ、その自由度や応用範囲が広い分、デザインにも注意が必要です。

リリース後のコンテンツの増減によって崩れやすい見た目

CMSやノーコード系のサービスを利用すれば、Webデザインのスキルを持たないスタッフであっても気軽にWebサイトの更新ができるようになります。ところが、これら動的に変化するサイトでは、その情報量の増減によってデザインが崩れやすくなります。

文字数の問題

コンテンツの内容を変更したり、新規記事（ページ）で想定以上の文字数を入力するとデザインが崩れることがあります。たとえば 01 のような一覧表やテーブルタイプのレイアウトの場合は、あらかじめ改行されたパターンのレイアウトサンプルも作成しておくとよいでしょう。改行時のデザインを参考に構築しておけば、文字数の増減にも柔軟に対応できます。

01 テーブルは改行されたサンプルをあらかじめ作成しておく

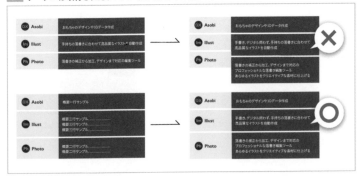

画像の問題

登録される画像がすべて同じサイズや比率とは限りません。縦・横・サイズ・容量などの基準がないと見た目がバラバラになってしまいます。この場合、共通の加工を入れるように指示するとデザインは崩れません 02 。

POINT

- CMSやノーコード系のツールは誰でもコンテンツを更新できる
- 便利な反面、自由度が高くデザインの細部に影響を与えやすい
- 別のデータや内容が増減したらどうなるかを想像する

02 共通のマスクをかけて画像比率の問題に対処

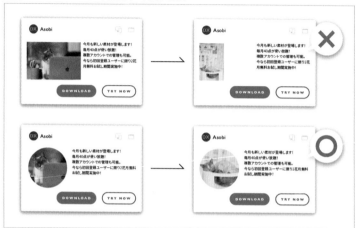

数の問題

　メニュー、画像、コンテンツ、すべてが追加される可能性のある場合は、数が増えたときのことも考慮しておきましょう。レイアウトの崩れは奇数・偶数で余白ができる、当初の予定より多い・少ない場合などに多く発生します。「ここからコンテンツが減ったら（増えたら）どうなるか？」を意識してデザインしましょう **03**。

03 メニューが増えた場合も考慮しておく

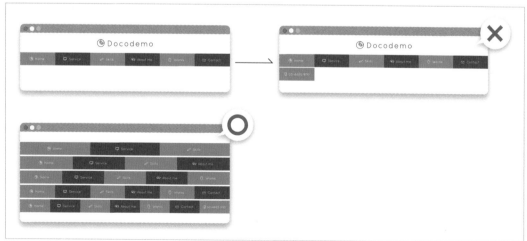

「動かしたい、でもどう動くか わからない」はNG！

ページ同士をリンクで行き来させるために、ボタンにちょっとした動きや変化などをつけるインタラクションがあると、わかりやすく、楽しいサイトになります。こうした動きをつけるためには、制作上の工夫も必要になります。

インタラクションをつける理由と注意点

デザインを動かすには実装コストがかかります。「漠然と動かしたい……」というのは制作者としてはよくない姿勢です。はじめに、こうした動きがユーザに対してどのような作用をもたらすのかを考えた上で、デザイナーが必要と判断した「動き」を採用するようにしましょう。

インタラクションはユーザに行動を喚起させる

Webサイトのボタンにマウスカーソルを乗せると色や形状が変化したり、ランディングページなどで、ボタンが勝手に大きくなったり光ったりすることがあります。こうしたインタラクションはボタンの存在をユーザに示してリンクをわかりやすくし、次の行動を喚起させる狙いがあります 01 。

01 インタラクションでユーザに行動を促す

演出としてのインタラクション

たとえばメインビジュアルのイラストがゆっくり回転したり、スクロールによって写真やイラストなどの要素が変化するようなインタラクションは「カッコいい」「品がある」といった、よりリッチにWebサイトを演出できる効果があります 02 。

POINT

- はじめに、なぜ動かすのかを考える。動かしすぎには要注意
- 具体的な秒数や参考になる動きを示す
- Figmaのバリアント、プロトタイプも有効

---

02 インタラクションでサイトを演出する

動かすことのデメリットも考慮する

　スクロールや秒数に応じて画面上に要素がゆっくり表示される「フェード」や、「パララックス」などの効果は、サイトがリッチに見えるので、クライアントにも喜ばれる効果のひとつです。ところがこうした効果を多用してしまうと、ユーザに表示が遅いと感じられてしまうことがあるため、多用は禁物です。

　逆に、トップページにあるスライドショー（カルーセルスライダー）上の文字をユーザが読んでいる途中にスライダーが動いてしまうと、ユーザのストレスは大きくなってしまいます。こうしたマイナスの体験が生じないよう、動きをつけた後には、適切な表示スピードかどうかをユーザ側の立場で必ず検証しましょう。

インタラクションの伝え方

　デザイナー自身が実装する場合は頭の中のイメージをそのままコードにすればよいでしょう。別のスタッフにお願いする場合は、インタラクションをどのように伝えるのかが課題になります。ここではいくつかの方法を提示しますが、いずれの方法にせよ、デザイナーがある程度具体的な例を示した上で、実装側のスタッフとコミュニケーションをとるのが望ましいでしょう。

CHAPTER

6

コーディングに困るデザインデータ

実物を共有する

　既存のサイトなどを参考に、新しく効果をつけることはよくあります。実際に参考にしたい動きがある場合は、そのURLを共有して、どこがよいのか、どんなところを真似てほしいのかをリクエストしましょう。

アプリを使ってイメージを共有する

　RULE.60や62で紹介しているFigmaの「バリアント」や「プロトタイプ」を使うと、デザインのインタラクションをFigma上でつけることができるので、実装側もこれに基づいてコードを書くことができます。また、Adobe After Effects **03** といったモーション向けのアプリを使ってインタラクションやアニメーションを制作したり、インタラクションに強い ProtoPieなどのUIデザインツールを使う方法もあります。

　いずれも、実装側のスキルやリソースとも関わってくるので、こうしたアプリの使用にあたっては、作業前のすりあわせが重要です。

具体的に指示する・おまかせする

　スライドショーなどの「トップの画像が切り替わる」といっても、スライドやフェードなど様々な効果があります。秒数をコントロールすることも可能なので、こうした効果の種類や秒数などの指示を心がけましょう。ボタンやその他のアクションについても、明確な指示を出すことが望まれます。

　逆にある程度「おまかせでよい」場合もあると思います。その場合もまた「ここから先はこうお任せ」といった形で、適切なコミュニケーションを心がけましょう。

03 Adobe After Effects

CHAPTER 7

わかりやすい
納品データの作り方

いよいよ最後のCHAPTERです。ここまで紹介してきたルールを
おさらいしながら、どんなデザインデータを作ればデザイナー以
外にも伝わるのかを総ざらいしましょう。デザインデータ以外に必
要な要素や、デザインを提出する際の指示のサンプルも示します。

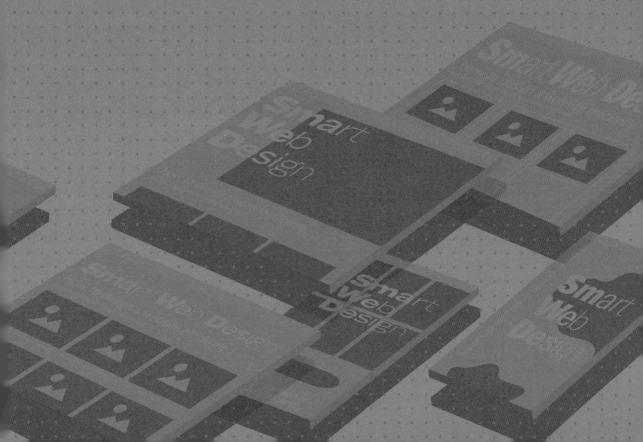

RULE

75

MANNER

基準のサイズは最初に決める

Webデザインにとってデバイスをはじめとしたコンテンツのサイズは非常に重要です。デザイン決定時にサイズがバッチリ決まっていれば、あとは精度を高めていくだけです。ここでは、決めることの重要性について述べます。

クライアントと一緒に考えて決める

クライアントから「デザインを見てみないとわからない」といわれることもよくあります。それは専門ではない方からすれば当然の意見です。そこで、イメージのつきやすい類似のサイトや簡単なモックとともに、これから作るサイトの構造について十分な説明をします。

コーディング後のレイアウト修正はコスト増になる

残念ながら、コーディング後に「ちゃぶ台がえし」的なトラブルが発生する場合もあります。このようなトラブルが発生する大きな理由は、クライアントとのすりあわせが「しっかり」とできていないことです。そこを肝に銘じて、段階ごとに対応できること／できないこと（あるいは時間や費用がかかること）を理解してもらえるように根気よく説明して、必要であれば資料を揃えて意識のすりあわせをするように心がけましょう 01 。

もし、コンテンツの要素に変わる可能性のある場合（たとえば、後からコンテンツが追加公開されることなど）は事前にその旨を織り込んで設計しましょう。そうすれば「後付け」ではなく「更新」として、スムーズにコンテンツを追加できるようになります。

MEMO

デザインの決定後にコンテンツやイメージなどのサイズを修正する場合は、修正を希望する部分だけでなく、隣接する要素やサイト全体の構造を見直す必要があることを心得ておきましょう。

01 **サイズやレイアウトは最初に決めておく**

POINT

- 設計図が決まってから間取りを変えるのは大変
- 特にレスポンシブウェブデザインなどではコンテンツの幅が重要
- 仕様の合意を取ろう

可変する部分についての説明も忘れずに

　たとえばディスプレイの幅が変わることで相対的に要素のサイズが変わる場合があります。また、Androidではユーザ側でフォントを設定できるので、特にスマホを中心とする場合は、デバイスによって大きく印象が変わるケースも共有できるとよいでしょう 02 03 。

02 iOSでの見た目

03 Androidでフォントを変更した場合

決定の明確化で「作り直し」が起きにくいフローに

　「決定」は文字通り（原則として）決まったものは動かせないと考えましょう。特に、コンテンツ幅などの構造を決定したら、その後のデザイン段階や、修正フローでは微妙なアクションの調整やテキストなどの微調整に注力して、Webサイト全体の完成度を高めるようにしたいものです。静止画のデザインだけであればまだ対応の余地もありますが、コーディングの工程に入ってしまうと要素のサイズ修正は困難になります。

　作業チームやクライアントとの間で、きちんとデザインの決定に関して合意を得ておくと「覆り」の可能性を減らすことができます。CSSフレームワークを使用する場合は、とくにコンテンツに関する制限を事前に確認・共有しておきましょう。

CHAPTER

7

わかりやすい納品データの作り方

RULE
76

MANNER

修正点をはっきりさせて
「間違い探し」をさせないデータに

> Webデザインでは、一度完成したデータに修正が入ることがあります。アプリの機能と日頃のコミュニケーションで工夫して、実装者が「間違い探し」をしないデータづくりを目指していきましょう。事前に運用ルールを決めておくのが理想的です。

「上書き保存」だけではどこを修正したのかわからない

リリース後の改修作業など、Webデザインは比較的長期に渡る修正が多くなります。一般的にデザインの修正が発生した場合は、一度完成したデザインデータに対して修正を加えてからマークアップをおこないます。その際、単純に上書き保存（や別名で保存）してしまうと、「どこを修正したのか」が不明確になります。このような場合（特にデザイナー自身がマークアップしない場合）は、データの中で変更箇所を明確にする工夫が必要です。

いつ修正したかを明確にする

たとえば、修正したレイヤーの名前に対して日付と修正（例：10.13_修正）の文字を入れておいたり、修正が発生したレイヤー部分のPhotoshopのレイヤーパネルを開いておくなど、データの中でも伝える工夫が重要です。不毛な「間違い探し」を防止するために、実際の見た目以外の、データの中で修正箇所を明確に伝えましょう **01**。

01 Photoshopでの修正箇所を示した例

MEMO

Photoshopではレイヤーやレイヤーグループ（フォルダアイコン）を右クリック→[カラー]で任意の色のラベルをレイヤーにつけることができます。

206

POINT

- 運用のあるWebサイトでは納品後の修正案件も多い
- 「間違い探し」不要のデータは修正漏れなどのミスもなくせる
- 個人で作業する場合も修正履歴の把握は大切。工夫して管理しよう

Figmaの場合は、フレーム外に修正点を書いたり、コメント機能を使うのがよい方法です `02` `03` 。

`02` Figmaでコメントを書く

`03` Figmaで書かれたコメントを参照する

複数人がかかわる場合は事前に運用ルールを決める

デザインとマークアップ担当が異なる場合、マークアップの下準備として、マークアップ担当者がレイヤー整理やレイヤーの名前の変更をしている場合があります。こうした場合は、修正作業に入る前にマークアップ担当者から変更後（下準備済）のデータを差し戻してもらった上で作業をすると、レイヤーの整理をし直す必要がなく、二度手間になりません。

修正履歴を把握して工数管理にも

修正した箇所がわかっているデザイナー自身がマークアップする場合でも、修正した場所などをはっきりさせておくと、修正履歴の把握になり、工数管理にもつながります。履歴を把握する方法としてはバックアップ用のファイルを修正ごとに複製した上で、修正日や校正回数の表記を末尾につけるのがオーソドックスな方法です。

MEMO

FigmaとIllustrator、Photoshopのクラウドドキュメントのデータであれば、バージョン履歴を使用できます（RULE.51）。

CHAPTER

7

わかりやすい納品データの作り方

RULE 77

MANNER

デザインデータ以外の
コミュニケーションも綿密に

今日のWebデザインでは、多くのパーツはホバーなどのマウスアクションで状態が変化するものが多く、初見では対応に悩むことも少なくありません。特にデザイン制作者と実装者が異なる場合、コミュニケーションが重要です。

デザインデータだけでは伝わらないことを伝える工夫を

コーディング担当者がひとめで理解できるデザインが理想です。しかし、実際はデザインデータだけで伝わらないこともよくあります **01**。デザインを作って終わりではなく、あわせてテキストでの指示をおこないましょう。

01 コーディング担当者に推理させないデータを用意する

わかりやすいコメントを添えておこう

デザインデータだけでは伝わりにくい情報には、主に以下の3点が挙げられます。一覧で確認できるスタイルガイドや、処理をイメージして共有するための文章を用意して、デザインデータに添えておきましょう。

❶共通の情報や処理

色やフォントなど、ページのバリエーションが多い場合はスタイルガイド（一覧表）を用意しましょう。

❷イレギュラーの処理

見出しのテキストが2行以上になったらどうなるのか、データ以上のウィンドウサイズになったらどうなるのか、レスポンシブウェブデザインでスマ

MEMO
スタイルガイドについてはRULE.80で紹介しています。添え書きの例はRULE.81で紹介しています。

- 共通パーツやレギュレーション、状態の変化についてまとめておく
- 指示にはFigmaのコンポーネントや専用のフレームなどを活用する
- 適度にお任せすることも方法のひとつ

ホを横にしたときにはどうなるのかなど、ファイルでは伝えにくいことを記述していきましょう。

❸動きをともなう処理

ホバー（hover）やスクロール、スライドなどのアクションがともなう場合は、どのように表示されるのか、どのくらいで切り替わるのかなどの情報はデザインデータからは得にくい情報です。デザイナーは日頃から、自分がマークアップを依頼される立場を想像し、どんな補足情報があると助かるかを考える訓練が必要です。

指示用&コンポーネント管理用のフレームを用意

Figmaを使ったデザイン制作の場合は、デザインのフレーム以外に、スタイルガイド用のフレームを用意しておくとスムーズです。

Figmaでコメントを記述するには、カンバス内に文字ツールで文字を書く方法と、「コメント」機能の2つがあります。コメント機能については（特に普段使用しない実装者の場合は）見落とされてしまう可能性もあるので、こうした機能を使うことについて、あらかじめ実装者に一声かけておきましょう。

適度に「お任せ」するのも一つの案

デザイナーがこうした動きを実装者へ「お任せ」するのも一つの選択肢です。たとえばコーディングの知識がないデザイナーがガチガチに指定をすると、かえって実装がやりづらくなるケースもあります。

ただし、丸投げは厳禁です。すべてお任せではなく、「ここからここまでは、こうしてほしい」「ここから先は（こうなった場合は）、お任せ」という線引は必要です。また、「お任せ」した以上は、上がってきたコードに対して責任を持ちましょう。

｀MEMO▶
ボタンのホバーなどの変化についてはFigmaの「プロパティ」のバリアントを使用するとよいでしょう（RULE.60）。

CHAPTER

7

わかりやすい納品データの作り方

RULE 78

MANNER

font-familyでの指定を前提に
デザインする

商品やサービスのイメージや世界観に合ったフォントを探したり、選んだりするのは楽しくもありますが、Webサイトのデザインをする場合には「ユーザの閲覧環境の違い」を意識してデザインと実装方法を決める必要があります。

文字の表示に関する選択肢

　ここまで説明してきましたが、Webサイトで文字を設定する場合、以下に挙げる3つの選択肢があります。

デバイステキスト

　デバイステキストはもともとコンピュータに入っているフォントのことです。デバイステキストのほかシステムフォントとも呼ばれます。コンピュータ側のフォントを表示するため、読み込みが軽いのが特徴です。

Webフォント

　フォントに関するファイルをアップロードしたり、CDNを使ってコード内にフォント情報をリンクして、コンピュータに入っていないフォントを使用する方法です。

文字の画像化

　かつてはIllustratorやPhotoshop内で作ったテキストを画像として貼り付けるという方法が主流でした。しかし、スクリーンサイズや解像度対応が難しかったり、逆に文字が読みづらかったり、フォントの入ったマシンでないと修正できない、SEOやアクセシビリティに配慮されていないなど、デメリットが多い点を理解しておきましょう **01** 。

01 文字の画像化はPCで読めてもスマホでは読めないことも

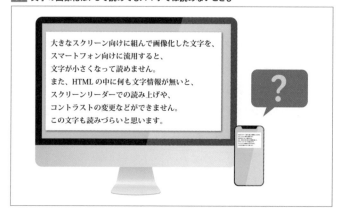

大きなスクリーン向けに組んで画像化した文字を、
スマートフォン向けに流用すると、
文字が小さくなって読めません。
また、HTMLの中に何も文字情報が無いと、
スクリーンリーダーでの読み上げや、
コントラストの変更などができません。
この文字も読みづらいと思います。

- デバイステキストのフォントは同じ名前でも様々な種類が存在する
- Webフォントを使用する場合は、その旨を申し送りする
- 文字の画像化はデメリットが多い

デバイスフォントの基礎知識

Webデザインをするにあたっては「デバイスフォント」と「標準フォント」の知識は必要不可欠です。はじめに、基本的なしくみや注意点をおさえておきましょう。

MEMO
RULE.30でも紹介しています。

閲覧環境によって文字が変わるデバイスフォント

コンピュータに入っているフォントを表示させる手法をデバイスフォントといいます。同じWebサイトを見ていても、CSSで（フォントを指定する）font-familyに何も指定されていない場合、ユーザが最初から持っている「標準フォント」が表示されます。

「標準フォント」としては、たとえばWindowsでは「メイリオ」、macOSやiOSでは「ヒラギノ角ゴシック」（Safariでは「ヒラギノ明朝」）、Androidであれば、6.0以降で「Noto Sans CJK JP」が表示される仕組みとなっています 02 。

02 標準フォントの種類

●メイリオ
あいうえお ABCdef 東京シティー

●ヒラギノ角ゴシック Pro W3
あいうえお ABCdef 東京シティー

●ヒラギノ明朝 Pro W3
あいうえお ABCdef 東京シティー

なお、各社が標準で搭載しているこれらの標準フォントは、いずれもスクリーン（画面）での可読性が高いフォントですが、同じゴシック体でも印象が異なります。

CHAPTER

7

わかりやすい納品データの作り方

font-familyを指定しないと、同じサイトであっても同一の文字は表示されません。また、font-familyを指定していても、そのフォントがコンピュータに入っていない場合は「標準フォント」に置き換えられて表示されます。こうしたデバイスフォントの表示の仕組みを理解しておくとともに、各ユーザのコンピュータに搭載されているフォントを前提としたfont-familyを複数指定していきます **03**。

03 font-familyプロパティの指定例

```
body{
font-family: 'メイリオ', Meiryo,'Hiragino Kaku Gothic ProN','ヒラギノ角ゴ ProN W3',sans-serif;
}
```

フォントの情報を読み込む時間が短くて済むのは、デバイステキストを指定するメリットです。ページやアクセス数の多いサイトは比例してフォントを読み込む回数が多くなるので、仕組みによっては、負荷の高い環境でWebフォントを使用するとページの表示が重くなることもあります。表示の遅延はユーザのストレスになるので、まずはデバイスフォントでのデザインや指定を第一に考えましょう。

Webフォントの基礎知識

Webフォントとは、Webサーバからフォントのデータを配信して表示する仕組みのことを指します。「Webフォント」の登場により、ユーザが持つシステムフォント以外の選択肢が生まれ、高品質の美しいフォントを柔軟に利用できるようになりました。

サーバを介してフォントの情報を取得するので、文字の種類が多い日本語では読み込みが若干遅くなるというデメリットもありましたが、近年はダイナミックサブセットという技術によって表示の遅延問題も解消されつつあります。

MEMO
RULE.32でも紹介しています。

MEMO
ダイナミックサブセットと Web フォント提供
https://helpx.adobe.com/jp/fonts/using/dynamic-subsetting.html

Webフォントにより、文字を画像として書き出さず、構造化された適切なHTMLをベースにした美しいタイポグラフィが実現可能になるとともに、更新性や利便性の高い柔軟なレイアウトを持ったWebサイトを作ることができます。

WebフォントはGoogle FontsやAdobe Fonts **04** などを利用すると利用可能です。Web上にホスティングされているフォントデータを使用するので手軽に実装できる反面、インターネット環境のない状態では表示されなかったり、ホスティングの提供が変更や停止されるとフォントの表示も変わる点には注意しましょう。

MEMO ▶
Adobe Fontsの利用にはAdobe ID
が必要です。

MEMO ▶
MORISAWAやFontWorks（LETS）
には独自のWebフォントの仕組みが
あるので、これらの利用を前提とする
のであればモリサワやLETSのフォン
トは積極的に使用していきたいところ
です。

04 Adobe Fonts

https://fonts.adobe.com/fonts

COLUMN

Figmaで日本語フォントを探すプラグイン

Figmaはアルファベット順にフォントが並んでいるのでデザイン時に指定するのは大変です。そこでプラグインの「Japanese Font Picker」**01** を使用すると、日本語のフォントを探しやすくなります。

01 Japanese Font Picker（中央）

CHAPTER

7

わかりやすい納品データの作り方

213

RULE 79

ファビコン、アプリアイコン、OGPなどを用意しておく

MANNER

ブラウザやブックマークなどに表示されるアイコンがあると、ほかのサイトとの差別化やブランディングに貢献できます。実務では、これらの設置がほぼ必須になります。

ブラウザのタブや検索結果で表示されるファビコンを設定する

パソコンのブラウザ上で、タブ部分や「ブックマーク（お気に入り）」に入れた際にサイト名の前にアイコンが表示されることがあります。また、同様のアイコンは、Googleなどのサーチエンジンでの検索結果にも表示されることがあります。このアイコンを「ファビコン」といいます 01 02 。

MEMO

ファビコンはico形式が一般的です。また、pngやgif、jpegのほか、Safari以外のブラウザではsvg形式も有効です。サイズは 48 × 48ピクセルの倍数が推奨されています（48x48ピクセル、96x96ピクセル、144x144ピクセルなど）。なお、SVGファイルの場合は、サイズに関して特別な指定はありません。

01 ファビコン（左：タブ部分　右：Googleにおける表示）

02 ファビコンのコードの例

```
<link rel="icon" href="favicon.ico">
```

スマホ向けにアップルタッチアイコンを設置する

iOSやAndroidのスマホやタブレットでの利用者が多いサイトであれば、ファビコンとは別に、ホーム画面で表示できるブックマーク用のアイコンを設置するのがおすすめです。

このブックマーク用のアイコンは「アップルタッチアイコン」といいます 03 。このアイコンを作成・設置すると 04 、アプリと同様にスマホのホーム画面にウェブサイトへのショートカットを作成できます。

POINT

- 各種ブックマーク用画像を用意しよう
- OGP（カード）画像の場合は表示のされ方と配置に注意
- サイズや表示方法は日進月歩で進化。公式リファレンスをチェック

03 アップルタッチアイコン

04 アイコンのコードの例

```
<link rel="apple-touch-icon" href="icon.png">
```

COLUMN

サイトのアイコンをホーム画面に表示する方法

iOSの場合、Webサイトを開いた状態で画面の下部（Safari）や右上（Chrome）に表示されるシェアアイコンをタップして下へスクロールすると、「ホーム画面に追加」という項目があります。選択するとホーム画面にウェブサイトへのブックマーク（ショートカット）が作成され、タップしてダイレクトにサイトへアクセスできるようになります。

CHAPTER

7

わかりやすい納品データの作り方

SNSでのシェア用の画像や情報を用意しよう

X（Twitter）やFacebookなどのSNSであれば、OGP（Facebook）やカード（X）と呼ばれるサムネイル画像を設定することで、制作者が意図した画像を表示させてシェアすることができます 05 06。これらは、サイトのブランディングやリピート集客には欠かせない要素です。なお、OGPやカード関連の情報はファビコンやアップルタッチアイコンと同様、HTMLの\<head\>〜\</head\>のタグの中に記述します。特にSNS関連の画像については、ブラウザやOS、デバイス、SNSの進化により、サイズや設置方法は日々更新されています。公式のリファレンスなどを都度参照して設置するのが望ましいといえます。

用語
OGP
Open Graph Protcolの略称で、SNSでシェアした際にイメージ画像や詳細を伝えるためのHTML要素のこと。

MEMO
Facebookの公式リファレンス
https://developers.facebook.com/docs/sharing/webmasters/?locale=ja_JP

MEMO
X（Twitter）の公式リファレンス
https://developer.twitter.com/en/docs/twitter-for-websites/cards/overview/summary-card-with-large-image

05 Xでシェアされた例

06 Facebookでシェアされた例

デザインのスタイルガイドを作る

サイトやサービス、アプリなどのデザインはひとりだけが作るとは限りません。規模の大きなプロジェクトの場合は複数のデザイナーが分業することもあります。このような際に役に立つのがデザインのスタイルガイドです。

デザインの「スタイルガイド」は三方よし

実際のサイトのデザインとは別に、そのサイトに関するデザインのスタイルガイドをFigma等のアプリで作成しておくと業務が円滑に進みます。たとえば自分以外のデザイナーに仕事を手伝ってもらう場合等に、見本となるページとデザインのスタイルガイドを渡しておけば、見た目とルールが統一されたデザインを作成することができるでしょう。

まずは色と文字をまとめる

デザインガイドに入れておいたほうがよい要素はたくさんありますが、はじめに、色と文字についてまとめるのがよいでしょう。その後、リンクや強調、引用や罫線、リストなどの各要素を作っていきます **01** 。

01 色や文字などの基本的なスタイルガイドの例

カラー

本文	背景		サブカラー	
#242825	#fff	#224756	#9EBAD7	#E84F8F

見出し・本文テキスト

基本
-Noto Sans JP

h1大見出しが入ります
大見出し - Bold 36pt

h2中見出しが入ります
中見出し - Regular 20pt

h3小見出しが入ります
小見出し - Regular 16pt

h4 小見出しが入ります
小見出し - Bold 15pt

この文章はダミーです。文字の大きさ、量、字間、行間等を確認するために入れています。この文章はダミーです。この文章はダミーです。文字の大きさ、量、字間、行間等を確認するために入れています。この文章はダミーです。
本文 -Regular 15pt 行間1.7

強調はサブカラーのピンクを使用

リンクは下線のみ。hoverするとnoneにする

金額表
-Montserrat　¥ **5,000**

引用やコードを記述する場合引用やコードを記述する場合引用やコードを記述する場合

緊急のお知らせなどのアラートの場合(1)

緊急のお知らせなどのアラートの場合(2)

区切り罫

1px solid ##9EBAD7

1px solid #242825

リスト

* この文章はダミーです。
* この文章はダミーです。
* この文章はダミーです。

1. この文章はダミーです。
2. この文章はダミーです。
3. この文章はダミーです。

MEMO
スタイルガイドの作り方の順番は、一般的なCSSの記述順序と似ています。はじめにbody、h1、h2…p、ulやolやhrなどの見た目を一通り記述した上で個別のレイアウトについて記述していくと、コードとしても読みやすくなります。

- デザインの再現性を高め、統一感を維持するスタイルガイド
- CSSのコーディングの参考にもなる
- 色や文字などからボタン、ヘッダーなど規模を大きくしていく

パーツやアイコン、ロゴなどのルールをまとめる

次にパーツやアイコンやロゴなどのルールをまとめます **02**。

テキストとアイコンとの距離など、marginやpaddingなどの指定があるとよりよいでしょう。ただしこれらの細かい数値に関してはFigma等のデータを参照するほうが早い場合もあるので、実務では記載の有無を臨機応変に決めていきます。

02 ボタンやフォーム、アイコンなどを加える

これら文字やロゴ、ボタンの集合がナビゲーション等に発展していきます。そのため、スタイルガイドの中にナビゲーション等を含めることもあります。こうした小さな要素から少しずつ大きなコンポーネントへとUIデザインを設計していく手法を、アトミックデザインと呼びます。

スタイルガイドの存在は整合性の取れたCSSを書くための一助にもなるほか、デザイナー自身が自分のデザインに不足している要素を洗い出すためにも有効で、クライアント（ウェブサイト）・デザイナー・コーディング担当がみな嬉しい"三方よし"な存在です。

MEMO
ここで紹介してるスタイルガイドについて、引き続きRULE.81でヘッダーなどのコーディングの指示について紹介します。

コーディングを指示する場合の ポイントをおさえる

最後に、デザイナー以外のスタッフがコーディングする場合に欠かせないコーディングの指定について、サンプルとポイントを紹介します。

自分がコーディングするなら知りたいポイントをまとめる

Figmaなどを活用することで、動きなどを含めた状態の変化をアプリ上で再現できるようになりました。こうした機能を活用したい一方で、デザインの要素によっては文字でまとめた方が指示が明瞭でわかりやすい場合もあります 01 。レスポンシブでの変化によって表示／非表示が変化する場合もその旨を記載しておくとより親切です 02 。

用語
ピクセルパーフェクト
1ピクセルも違わずにデザインカンプの通りにコーディングすること。

01 ブレークポイントとヘッダー・フッターに関する指示の例（赤字部分）

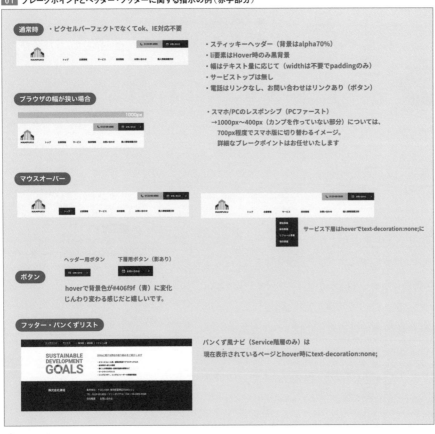

POINT

- ● 可変時の対応について補足する
- ● デザインアプリで補えない部分を文字で補足する
- ● 裁量に任せる部分を示す

02 トップページとスマートフォンページの指示の例（赤字部分）

コーディング担当者の裁量に任せる部分についても明言しておきましょう。たとえば、ここで紹介しているサンプルではブレークポイントのピクセル数を指定していないので、コーディング担当者の裁量にゆだねることになります。このほかに下層ページについてのデザインと指示が必要になります。スライダーやスクロールに伴うインタラクションやアニメーションなどの動きが必要な場合はその旨も指示しましょう。

　ここで示したサイトは小規模なウェブサイトなので、中規模以上になるとパーツやデザインのバリエーションが増えるため、細かい指示が必要になります。

MEMO
デザインファイル以外にもたとえばテキストファイルや、共有が便利なオンライン上でのドキュメントサービス（たとえばGoogle ドキュメントやGoogleスプレットシート、DropBox Paper）などで仕様をまとめておくのも有効です。

CHAPTER 7 わかりやすい納品データの作り方

Index

著者プロフィール

浅野 桜（あさの・さくら）

株式会社タガス 代表取締役。

印刷会社、化粧品メーカー勤務を経て株式会社タガス設立。Adobe Community Evangelist。印刷物やWebサイトに関するデザインや運用のほか、書籍執筆や講師を勤める。近著に『イラレの5分ドリル』『フォトショの5分ドリル』（翔泳社）、『Illustratorデザイン 仕事の教科書　プロに必須の実践TIPS& テクニック』（MdN）、『Webデザイナーのためのモーションデザインことはじめ』（ボーンデジタル）など。

[X（Twitter）] @sakuraasano
[Web] https://tagas.co.jp/

北村 崇（きたむら・たかし）

株式会社FOLIO／フリーランスデザイナー／Adobe Community Evangelist

事業会社のマネージャーとしてサービスのデザインに携わる傍、フリーランスとしてもグラフィックデザインやWeb制作、IoT等のUI/UXデザインも請け負っている。またセミナーや研修、執筆、プロジェクトのアドバイザーなど、制作業務以外の活動やサポートも行っている。にんにくとビールが好き。貝とレバーと辛いものは食えない。

[X（Twitter）] @a_timing

［制作スタッフ］

装丁・本文デザイン	田中聖子（MdN Design）
DTP	佐藤理樹（アルファデザイン）
編集	小関 匡
編集長	後藤憲司
副編集長	塩見治雄
担当編集	後藤孝太郎

※本書は2016年に刊行された書籍『Webデザイン必携。プロにまなぶ現場の制作ルール84』に大幅に加筆・修正を加えた改訂新版です

スマートWebデザイン
脱・自己流のデザイン&データ作成術

2024年2月1日　初版第1刷発行

著者	浅野 桜、北村 崇
発行人	山口康夫
発行	株式会社エムディエヌコーポレーション 〒101-0051　東京都千代田区神田神保町一丁目105番地 https://books.MdN.co.jp/
発売	株式会社インプレス 〒101-0051　東京都千代田区神田神保町一丁目105番地
印刷・製本	中央精版印刷株式会社

Printed in Japan

【カスタマーセンター】
造本には万全を期しておりますが、万一、落丁・乱丁などがございましたら、送料小社負担にてお取り替えいたします。お手数ですが、カスタマーセンターまでご返送ください。

落丁・乱丁本などのご返送先	〒101-0051　東京都千代田区神田神保町一丁目105番地 株式会社エムディエヌコーポレーション　カスタマーセンター TEL：03-4334-2915
書店・販売店のご注文受付	株式会社インプレス　受注センター TEL：048-449-8040 ／ FAX：048-449-8041

●内容に関するお問い合わせ先
株式会社エムディエヌコーポレーション　カスタマーセンターメール窓口

info@MdN.co.jp

本書の内容に関するご質問は、Eメールのみの受付となります。メールの件名は「スマートWebデザイン　質問係」、本文にはお使いのマシン環境（OS、使用バージョンなど）をお書き添えください。電話やFAX、郵便でのご質問にはお答えできません。ご質問の内容によりましては、しばらくお時間をいただく場合がございます。また、本書の範囲を超えるご質問に関しましてはお答えいたしかねますので、あらかじめご了承ください。

ISBN978-4-295-20509-8 C3055